柔性防护系统防落石灾害的设计理论

石少卿　汪　敏　崔廉明　王高胜　著

科学出版社

北京

内 容 简 介

　　无论在民用还是在军事上，落石灾害的防治都是学界非常关注的课题。柔性防护系统是一种新型的落石灾害防治方法，目前在国内外得到越来越广泛的应用。本书从柔性防护系统工程应用中所遇到的问题出发，重点对被动防护系统、主动防护系统和引导式落石缓冲系统中的主要承力构件和系统内部构件间的荷载传递机理开展研究，从理论、试验及数值分析三个方面系统地介绍了柔性防护系统防落石灾害的最新理论研究成果。

　　本书可供从事边坡地质灾害防治工作的科研、设计、管理和施工人员，以及专门从事柔性防护技术产品研究与开发的相关人员使用和参考，同时也可供高等院校师生参考。

图书在版编目(CIP)数据

　柔性防护系统防落石灾害的设计理论/石少卿等著.—北京:科学出版社，2020.11
　　ISBN 978-7-03-064986-7

　Ⅰ.①柔… Ⅱ.①石… Ⅲ.①落石-防护工程 Ⅳ.①TU761.1

　中国版本图书馆 CIP 数据核字 (2020) 第 072894 号

责任编辑：韩卫军 / 责任校对：彭　映
责任印制：罗　科 / 封面设计：墨创文化

科 学 出 版 社 出版

北京东黄城根北街16号
邮政编码：100717
http://www.sciencep.com

四川煤田地质制图印刷厂印刷
科学出版社发行　各地新华书店经销
*

2020 年 11 月第 一 版　　开本：787×1092 1/16
2020 年 11 月第一次印刷　　印张：13 1/4
字数：310 000
定价：149.00 元
(如有印装质量问题,我社负责调换)

前　言

随着西部大开发战略的稳步推进，山区工程建设的密度与规模逐渐增大，交通建设也进入高峰期和密集期，但落石灾害频发严重制约我国西部交通建设的发展。柔性防护系统因其具有工期短、造价低、施工方便、适应性强等优势，能够满足国家灾害应急救援对交通线工程提出的快速抢修抢建要求，已在国内铁路、公路、水电站、矿山、市政等建设领域的落石防治方面发挥了巨大作用。该防护技术主要针对各类斜坡坡面崩塌落石、风化剥落、泥石流等灾害现象，并根据不同的灾害特征逐渐形成以钢丝绳网、高强度钢丝格栅和环形网等高强度柔性网所构成的被动拦截、主动防护和落石路径防护等结构形式。主动防护有主动防护系统，被动防护有被动防护系统，落石路径防护有引导式落石缓冲系统等。

然而柔性防护系统在我国二十几年的工程应用中，也逐渐暴露出一些问题，出现了部分工程防护失效或者柔性防护系统破坏的现象。这些问题有的是由自身施工和材料质量把关不严造成的，有的则是缺乏相应的设计理论指导造成的，如系统内部构件的力学机理把握不清、构件间的耗能传载路径不明确等。

本书从柔性防护系统与落石灾害防治相关联的工程实际问题出发，综合利用模型试验、数值模拟和理论分析方法开展了柔性防护系统防落石灾害的设计理论研究，初步解决了系统在工程应用中的一些基础理论问题，取得了一系列理论研究成果。本书主要包括四个部分的内容：主动防护系统防落石灾害的设计理论、被动防护系统防落石灾害的设计理论、引导式落石缓冲系统防落石灾害的设计理论和柔性防护系统中消能件的设计理论。四个部分的研究成果对指导柔性防护系统的设计和工程应用、柔性防护系统产品的进一步开发和性能的提升都具有重要的意义。

本书的出版得到了国家自然科学基金项目（51378459、51408602）、军队科研项目（X2011026、CLJ19J019）、重庆市高校优秀成果转化项目（KJZH7138）的资助，本书也是重庆市研究生教育优质课程"高等结构动力学"建设的成果结晶。

本书第 1 章由石少卿、汪敏、崔廉明撰写，第 2 章由汪敏、石少卿撰写，第 3 章由汪敏、王高胜、石少卿撰写，第 4 章由崔廉明、石少卿撰写，第 5 章由石少卿、汪敏、崔廉明撰写，全书由石少卿统稿。王文康博士对第 5 章的撰写提供了很多帮助，在此表示感谢。

目　　录

第1章 绪 论

1.1 研究背景和意义

我国山地丘陵面积约占陆地国土面积的 75%，易发于山区的地质灾害是我国常见的自然灾害之一。《地质灾害防治条例》对地质灾害的定义是：由自然因素或者人为活动引发的危害人民生命和财产安全的山体崩塌、滑坡、泥石流、地面塌陷、地裂缝、地面沉降等与地质作用有关的灾害。这一定义中提到的崩塌、滑坡和泥石流一直是地质灾害防治领域关注的重点，而由落石或浅表层岩土体引起的地质灾害近年来也更加引起研究人员的关注（孙绍骋，2001；殷跃平，2008；Hantz et al.，2016；D'Amato et al.，2016；王爽 等，2017；Geniş et al.，2017；Frukacz and Wieser，2017；Toe et al.，2017；Viegas and Pais，2017；De Biagi et al.，2017；叶四桥 等，2018；沈位刚 等，2018）。《西部大开发"十三五"规划》强调"继续加强交通、水利、能源、通信等基础设施建设，着力构建'五横四纵四出境'综合运输大通道，加快建设适度超前、结构优化、功能配套、安全高效的现代化基础设施体系，强化设施管护，提升基础保障能力和服务水平"。因此，随着西部大开发战略的稳步推进，山区工程建设的密度与规模逐渐增大，交通建设也进入高峰期和密集期，落石危害日益突出，落石灾害已严重制约我国西部交通建设的发展。表 1.1 为近年来部分落石引发事故的简况。

表 1.1　部分落石引发事故的简况

事故发生时间	事故简况
2016 年 1 月 30 日	云南省麻昭和水麻高速公路遭落石袭击，"滇东北大动脉"局部中断
2016 年 2 月 15 日	福州鼓岭发生落石堆积路面事故，影响交通
2016 年 3 月 07 日	安徽绩溪县发生落石事故引发摩托车翻车事故，司机受伤
2016 年 4 月 19 日	河南云台山景区发生一起落石砸死游客事故
2017 年 6 月 10 日	209 国道 K1602km 处公路侧落石砸到长途汽车，导致 1 人死亡
2017 年 8 月 15 日	云南玉溪市江川突发暴雨，大量落石、泥土堆积路面，交通受阻
2017 年 9 月 11 日	陕西旬阳一货车在山路上行驶时被落石砸中，导致 2 人严重受伤
2017 年 10 月 15 日	三峡景区发生落石坠落，导致 3 名台湾游客遇难、2 名台湾游客受伤
2018 年 2 月 18 日	吐乌大南线高速公路上出现山石滑落，阻断交通
2018 年 3 月 29 日	张家界三官寺大峡谷景区发生意外落石事故，导致 1 人死亡、1 人失踪、3 人受伤
2018 年 4 月 29 日	四川泸定县大雨导致 318 国道附近塌方，交通严重拥堵
2018 年 5 月 19 日	陕西榆林神木一拉煤车车头被落石埋压，1 人不幸身亡

事故发生时间	事故简况
2018 年 7 月 11 日	张家界景区从 80m 高的山坡滚下的落石砸向游客，导致 2 人身亡、4 人受伤
2018 年 7 月 27 日	香格里拉虎跳峡景区落石砸中一辆自驾车，导致车上 2 人遇难
2018 年 8 月 22 日	四川眉山一家三口回家，轿车被落石砸中，3 人全部不幸遇难

1.2 落石灾害的防治措施

1.2.1 落石灾害的防治思路分析

要防治落石灾害，首先应明确落石发生的机理。落石，是指个别块石因某种原因从地质体表面失稳后经过下落、回弹、跳跃、滚动或滑动等运动方式中的一种或几种组合沿着坡面向下快速运动，最后在较平缓的地带或障碍物附近静止下来的一个动力演化过程(沈均 等，2008)。图 1.1 给出了落石产生和运动的几种常见方式(胡厚田，1989；陈喜昌和陈莉，2002；邹维勇 等，2017)，主要包括：①从陡崖某处分离的块石可能会以自由落体或斜抛的运动方式向下运动；②当陡崖下方又有斜坡(或边坡)时，从高处落下的块石可再以跳跃、滚动、滑动等多种运动方式向下继续运动；③从斜坡(或边坡)表面上失稳并分离出的块石向下运动时可能涉及滑动、滚动和跳跃等多种运动方式；④一个块石冲击到较坚硬的部位时，可能会因为自身强度较低而崩解成多个碎块；⑤边坡或陡崖上方某处发生滑坡、岩崩、坍塌、溜滑、剥落等现象时，所引起的个别或多个散落的块石同样可造成落石灾害。

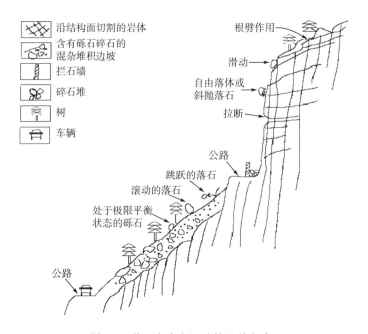

图 1.1 落石产生和运动的几种方式

从上述落石产生和运动的各种形式可以得出两点结论。①落石灾害防治的目的。落石本身是在边坡发生的一种自然现象，其发生涉及少数不稳定岩块，通常并不改变斜坡整体的安全稳定性，亦不会导致有关建筑物的毁灭性破坏。防止落石造成道路不能正常营运、建筑物的破坏以及人身伤亡是防治落石灾害的主要目的。这就是说，防治的目的并不是一定要阻止崩塌落石的发生，而是要防止其带来的危害(Pierson et al.，1990；张路青 等，2004；Alejano et al.，2008；毕冉 等，2016；周爱红 等，2017)。②防治思路。落石灾害的产生包括落石从原位置崩离、在坡面上运动和最终砸向道路线三个阶段，要防止落石灾害的发生，可以有针对性地解决这三个阶段的问题。目前在工程上防治落石灾害的手段有很多，落石防治思路可以分为三个方面，主动防护技术是针对第一阶段的防护，即针对落石发生的潜在区域进行防护，使落石在原位置不发生崩落；引导式落石缓冲系统是针对第二阶段的防护，即对落石坡面运动阶段的防护；被动防护技术是针对第三阶段的防护，即对可能飞到道路线上的落石进行拦截。

1.2.2　传统的落石灾害防治措施

主动防护技术对应第一阶段的防护，主要是指通过工程措施阻止落石的崩落。传统的主动防护技术包括清除潜在崩岩、地表排水、控制爆破、加固或支护、削坡等(张路青和杨志法，2004)。在这些防护技术中，完全清除潜在崩塌落石是很难的，因此通常仅对即将崩塌的岩石进行清除，以作为其他防护技术的配套措施或准备工作，或者作为避免短期内发生落石灾害的一种应急措施。同样，作为崩塌落石诱因的地表水的排除以及控制爆破通常都不是独立承担防治功能，但均应成为其他工程方法的配套措施。此外，通过削坡来削弱或阻止崩塌落石发生通常在经济上是不可取的，而作为加固或支护的各种措施都有其特定的使用条件，在坡面整体性和稳定性较好时才能达到目的。但需注意的是，如支挡、护面墙体和喷混凝土等圬工结构的建筑物本身也可能成为崩塌的物质来源。

被动防护技术对应第三阶段的防护，是指落石滚落后，通过一定的措施减少或避免落石对道路交通线造成危害，主要包括避让和拦截等相关措施(张路青 等，2004)。其中，避让措施是指在崩塌落石规模较大或/和发生频繁的区域，采用交通线路绕行、隧道或变更工程位置等措施，但该类防治措施必然会带来工程投资的明显增加，在大多数情况下若仅为了防止崩塌落石危害而采取这些措施显然是不可取的，且由于场地环境条件的限制，这些措施常难以实施。拦截措施一般是建造防护结构，将落石截停在受保护区域之外，如拦石墙、拦石栅栏、棚洞和拦石槽等，其中以混凝土、石材等构筑的圬工拦石墙或由木材、钢材(废旧钢轨、型钢)和金属格栅构成的拦石栅栏是我国过去崩塌落石防护的主要拦截手段。由于这类结构抗剪能力弱、自稳性较差或者整体刚性较高，其抗冲击能力都较弱，一般防护能级很难超过 50kJ，仅适于拦截低能级的小块落石(石少卿 等，2011；王玉锁 等，2017)；棚洞(或明洞)在我国交通领域特别是铁路上应用较多，防护功能较强，但工程造价很高，特别是在坡脚可用场地狭窄时，必须增加开挖护岸工程来修建棚洞基础，导致投资剧增；拦石槽一般修建在坡脚位置，与其他防护结构组合使用，很少单独使用来防护落石灾害(何思明和吴永，2010；何思明 等，2011；Shi et al.，2013；汪敏 等，2014，2018a，

2018b；Chai et al.，2015；De Graff et al.，2015；Singh et al.，2016）。

以上介绍了主动和被动两种防护思路以及各自的典型防护方法，这些以传统的砂、石或混凝土作为施工材料的方法称为传统防护措施。由于崩塌落石灾害本身的复杂性、随机性、区域差异性和多发性，传统的技术措施还不足以经济、有效地解决各种复杂的坡面地质灾害问题，尤其是在防治崩塌落石灾害方面，以刚性坞工结构为主的工程防治措施的技术经济指标均不如人意(阳友奎，1998；阳友奎和贺咏梅，2000)。在军事工程中，为了对战时洞库口部及道路落石实施防护，必须要求相关的落石防护措施满足时效性和较强适应性的要求，而传统的落石防护措施也很难满足。此外，传统防护措施因材料、结构或工法的缘故，也很难针对第二阶段，即落石在坡面上的运动阶段进行防护(汪敏 等，2013；阳友奎 等，2015)。

1.2.3 柔性防护技术介绍

1951 年，瑞士布鲁克工程公司在沙夫山上安装了木杆支撑的单张钢丝绳网，用来防护雪崩，成为柔性防护系统诞生的标志(Balasing et al.，2005)，如图 1.2 所示。20 世纪 60 年代后期，柔性防护系统在国外得到了广泛的应用。典型的如意大利奥索拉峡谷、美国霍姆斯特克煤矿、南非西开普海滨公路等均将柔性防护技术应用到落石防护中，防护效果良好(Daniele and Claudio，2003；Volkwein，2005)。自 1995 年引入国内以来，柔性防护系统已在国内铁路、公路、水电站、矿山、市政等建设领域的落石防治方面发挥了重大作用。在国内如成渝高速公路隧道洞口及公路沿线(图 1.3)、金温铁路沿线(图 1.4)等处均利用柔性防护技术对落石进行防护并起到良好的效果(陈江和夏雄，2006)。目前，柔性防护系统因其具有工期短、造价低、施工方便、适应性强等优势，能够满足国家灾害应急救援对交通线工程提出的快速抢修抢建要求，得到了进一步的广泛应用(阳友奎，2010，2012；汪敏 等，2010，2018a，2018b；聂俊毅，2011；杨建荣 等，2017)。同时，柔性防护系统能够较好地适应各种复杂地形条件的优势，很好地满足了军事工程快速抢修抢建时效性和适用性的要求，因此在军事工程中的应用也具有良好的前景。

图 1.2　最早出现的被动柔性防护系统

图 1.3　成渝高速公路隧道洞口及公路沿线主动　　　图 1.4　金温铁路 K200+020~K200+060
　　　　柔性防护系统工程　　　　　　　　　　　　　　　处被动柔性防护系统工程

　　按照前述对防护思路的分析，柔性防护系统也可分为主动防护、落石运动路径防护和被动防护三类，主动防护有主动防护网，被动防护有被动防护网、柔性棚洞、屋檐式"自清理"防护系统等，其中被动防护网应用最为广泛(Sasiharan et al.，2006；Del Coz et al.，2009；Peila and Ronco，2009；Gentilini et al.，2013；Wang et al.，2014；Corona et al.，2017；Luciani et al.，2016；Castanon-Jano et al.，2018)，如图 1.5 所示。与传统防护方式不同，柔性防护系统使用金属网来防护落石，由于金属网本身具有较好的延展性，在发生大变形时依然具备较高的强度，因此为在第二阶段(落石在坡面上的运动阶段)进行防护提供了准备，针对第二阶段防护的柔性防护系统主要是约束落石运动轨迹的引导式落石缓冲系统。

(a) 主动防护系统　　　　　　　　　　　　(b) 被动防护系统

(c) 柔性棚洞　　　　　　　　　　　　(d) 屋檐式"自清理"防护系统

图 1.5　柔性防护系统的几种结构形式

主动防护系统是通过锚杆和支撑绳固定方式将柔性金属网覆盖在具有潜在落石威胁的坡面上，从而阻止落石灾害的发生和限制落石运动的范围，或者将落石控制在一定范围内运动，如图 1.6 所示(阳友奎，2000)。主动防护系统常用于坡面崩塌、风化剥落、溜坍、溜滑或塌落类地质灾害的防护，其固定系统由锚杆和锚杆间的支撑绳构成，固定在锚杆或支撑绳上并施以一定预张拉的柔性金属网对整个边坡形成连续支撑，其预张拉作业使系统尽可能紧贴坡面并形成了阻止局部岩土体移动或在发生细小位移后将其裹缚于原位附近的预应力，从而实现其主动防护(加固)功能。

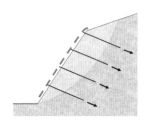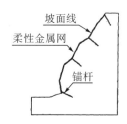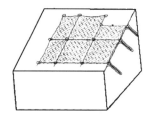

图 1.6　主动防护系统

被动防护系统(图 1.7)是一种以高强度柔性金属网为主体的柔性栅栏式拦石网，主要用于拦截和堆存落石。被动防护系统由柔性金属网(需拦截小块落石时附加一层格栅)、固定系统(锚杆、拉锚绳、基座和支撑绳)、消能件和钢柱四个主要部分构成，系统的柔性主要来自柔性金属网、支撑绳和消能件等结构，且钢柱与基座间亦可采用可动连接以确保整个系统的柔性匹配(阳友奎，2000)。

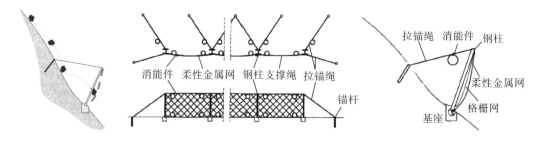

图 1.7　被动防护系统

1.柔性金属网

柔性金属网是系统主要构成部分，且往往是遭受冲击的第一部分，必须将来自落石的冲击力传递到支撑绳、拉锚绳等其他部件上，并最终传给锚杆。柔性金属网分为菱形和环形网孔，可由钢绞线或钢丝加工而成。

2. 消能件

消能件是被动防护系统中特有的构件，主要对系统起过载保护作用以避免其他构件发生严重破坏。当落石动能超过一定程度时,柔性金属网不能吸收全部能量,而是通过消能件吸收一部分的落石动能,同时可以避免柔性金属网和其他构件在较低能级下发生过早破坏,从而有效地提高系统的防护能力。

3. 钢柱

钢柱是对被动防护系统起直立支撑作用的主要构件,其间距对防护系统的柔性和能量耗散能力影响较大,在一定的范围内,防护系统的柔性和能量耗散能力随着钢柱间距的增大而增强。但当间距过大时,柔性金属网的横向变形位移增大,可能侵入防护区域,同时会明显降低后续有效拦截高度,且在安装时会使系统内形成较大的初始荷载,降低了防护系统的柔性。

4. 支撑绳

支撑绳的首要作用是柔性金属网张拉悬挂载体。同时,为使落石冲击系统内不同位置时系统的响应特性基本一致(即系统的抗冲击能力尽可能与落石冲击的位置无关),被动防护系统的支撑绳系统一般采用带消能件的双绳结构形式。

5. 拉锚绳

拉锚绳是被动防护系统特有的构件,基本作用是为系统的直立支撑提供保障,并通过其张紧程度和张拉长度的调节来确保系统的倾斜程度。拉锚绳是传递能量的主要载体之一,其主要通过安装在拉锚绳上的消能件发生位移而耗散能量。

目前,柔性防护系统中的引导式落石缓冲系统主要包括大跨度口袋式防护系统和窗帘式防护系统,是针对落石运动的第二阶段进行防护。其中,窗帘式防护系统也称为混合型防护系统、帘式网防护系统或引导式落石缓冲系统,其命名一般是由国外学者定义的英文名称翻译而来,而命名的不同也侧面表明此类系统由于研究开始的时间相对较晚,目前尚无统一的标准。这类防护系统的结构形式类似主动防护系统和被动防护系统的结合,因此有研究者称其为混合型防护系统或主被动防护系统,然而从防护机理上分析,主动防护是限制落石的初始崩落,被动防护是拦截落石运动的末段飞行或滚落,两者是无法“混合”的。对落石运动的研究表明,此类防护系统一般通过金属网对落石的约束作用,或限制落石飞离坡面的距离,或限制落石的弹跳高度,使得落石的运动轨迹改变,不至飞到交通线上,最终落在坡脚的拦石槽内或拦石墙前。整个防护过程主要是对落石轨迹的引导和控制,因此本书将这类防护结构统称为引导式落石缓冲系统。引导式落石缓冲系统的防护方式避免了落石块体在防护网内的堆积,并且系统受到的落石瞬时冲击作用的峰值应力相对不大,因此用来防护频发的、规模较小的中低能级落石是有效而又经济的。近年来,此类结构的应用越来越多。2011 年,映汶高速安装了 $6000m^2$ 引导式防护网,如图 1.8(a)所示,2013 年 7 月汶川特大暴雨引发了山体崩塌和泥石流,大量落石导致全线主、被动防护网被冲毁,而引导式落石缓冲系统却完好无损,并拦截了大量的落石。2015 年,北京门头沟灵山路引导式落石缓冲系统工程[图 1.8(b)],在 8 月 2 日和 9 月 2 日分别成功防护了两次坍塌落石,确保了公路安全。类似工程还有南疆线沿线引导式落石缓冲系统工程

[图1.8(c)]、重庆南川引导式落石缓冲系统工程[图1.8(d)]、安六铁路引导式落石缓冲系统工程[图1.8(e)]及河北丰宁引导式落石缓冲系统工程[图1.8(f)]等。

图1.8 引导式落石缓冲系统的工程应用举例

1.3 柔性防护系统的研究概况及有待进一步研究的问题

由于在落石灾害防治中具有突出优势,柔性防护系统在全世界得到了广泛的应用。很多研究者从工程应用的实际问题出发,通过大量的理论、试验和数值模拟研究来完善柔性防护系统的相关设计理论和工程化应用。下面就柔性防护系统的研究概况加以简述,同时结合国内外柔性防护系统的组成特点,讨论柔性防护系统中需要进一步深入研究的问题。

1.3.1 主动防护系统研究概况

在实际应用中,主动防护系统主要存在两方面的问题:①需要对防护的边坡进行现场调查,掌握崩塌落石在坡面上的位置分布、形状、体积等;②需要根据现场调查了解的边坡崩塌落石的特点及规律,选择合适的主动防护系统进行防护,设计合理的锚杆间距及抗拔力。国内外关于崩塌落石及浅层坡面地质灾害的特性研究较多(Chau et al.,2002;陈洪凯 等,2004),而针对主动防护系统自身的性能,国内却鲜见这方面的报道。

为正确选择和设计主动防护系统,除了充分调查了解防护边坡的地形及崩塌落石的特点,掌握主动防护系统组成构件自身的力学特性、防护系统内部荷载的传递规律也是正确选用和设计防护系统的重要依据(Sasiharan et al.,2006;Paola et al.,2009)。为此,国外关于主动防护系统的研究主要集中在防护系统组成构件的力学性能以及内部各个构件之间相互作用和荷载传递规律等方面。下面就主动防护系统的相关研究情况进行介绍。

1.柔性金属网力学性能研究

柔性金属网是主动防护系统中的主要受力构件。由于在主动防护系统中可供选用的柔性金属网种类较多，为了便于对不同柔性金属网的性能进行比较，必须要掌握柔性金属网的性能特点，而在掌握柔性金属网的性能特点之前，首先要考虑柔性金属网在主动防护系统中受到的荷载类型。为此，很多研究者(阳友奎，2006；杨涛 等，2006；Castro-Fresno et al.，2009；Del Coz et al.，2009)根据现场安装经验及对主动防护系统在工程应用时的调查了解，总结了主动防护系统中柔性金属网受到的荷载作用特点和规律，同时针对这种特点和规律设计了各种各样的主动防护系统中柔性金属网的试验模型，分别研究了主动防护系统中采用不同组合形式和材料制作的柔性金属网的力学性能，供主动防护系统产品设计定型和具体应用时选择柔性金属网作为参考。

2. 主动防护系统中锚杆力学性能研究

在主动防护系统中，锚杆承受的荷载与锚杆轴向方位之间存在角度关系，这与一般工程中锚杆的受力形式存在一定的差别。在实际工程调查中发现，主动防护系统中锚杆的受力方位对锚杆的破坏形式存在一定的影响(李现宾，2004)；Muhunthan 等(2005)对主动防护系统中不同形式的锚杆在水平荷载和轴向荷载作用下的性能进行了试验研究，为主动防护系统中锚杆的工程设计提出了指导性的意见。

3. 主动防护系统整体性能研究

主动防护系统在防护边坡的过程中受到的荷载形式多种多样，因此，研究主动防护系统的整体性能是一个难点。LGA(2003)设计了主-被动防护系统的试验模型，对主-被动防护系统的整体力学性能进行了试验研究；Tan(2017)对 GPS2 主动防护系统在工程中的应用进行了分析；Paola 等(2009)设计了标准主动防护系统的试验模型，对比了由不同形式的柔性金属网组成的防护系统在最不利荷载作用下的力学性能，给出了防护系统在荷载作用下的一些特点和规律，为主动防护系统的均衡化设计提供了依据，同时可供工程人员根据具体的防护对象采用合适的柔性金属网组成主动防护系统作参考。

1.3.2　主动防护系统有待进一步研究的问题

由于防护对象及使用功能不同，主动防护系统涉及多种组合形式。欧美等国针对主动防护系统编写了相关的使用手册和设计准则(Muhanthan et al.，2005；Sasiharan et al.，2005)，国内也制定了相关的标准，给出了不同防护范围内主动防护系统的组成构件及安装要求。

目前国内应用较为广泛的标准主动防护系统主要由锚杆、支撑绳、缝合绳及钢丝绳网组成，系统在施工过程中，采用缝合绳的预张拉作用将钢丝绳网与支撑绳连接起来，从而将钢丝绳网张紧，使其紧贴坡面。对于该类型的防护系统，在工程应用时常常需要根据现场调查了解的坡面地质灾害特点，选择合适的钢丝绳网块规格尺寸，确定合理的锚杆布置方式和间距、抗拔力等。在实际调查了解中发现，当涉及选取钢丝绳网块规格尺寸时，往往依据安装者的经验进行选择，没有从构件自身的力学性能方面出发考虑相关要求，很容易导致在实际安装过程中出现构件防护能力偏于保守或者过于不安全等因素存在(贺咏梅和阳友奎，2001；贺咏梅 等，2006)。如何对比不同网块规格、不同网孔尺寸钢丝绳网的力学性能是一个值得研究的课题。Badger 等(2001)和 Castro-Fresno 等(2009)对不同网块规格、不同网孔尺寸的钢丝绳网进行了试验和数值分析，但结合国内标准主动防护系统的构造情况，在考虑主动防护系统中钢丝绳网受到法向荷载作用下的力学性能时，必须要考虑缝合绳对钢丝绳网力学性能的影响，就笔者查阅的相关研究成果看，目前这方面的研究鲜见报道。为此，本书结合国内 GPS2 型标准主动防护系统的构造特点，对由钢丝绳网和缝合绳组成的防护单元在荷载作用下的力学性能进行试验和数值分析研究，建立不同网块规格、不同网孔尺寸情况下防护单元在荷载作用下的荷载-位移关系曲线，为工程实际应用中选择钢丝绳网提供参考，具有较好的实用价值。

此外，国内主动防护系统中常用的锚杆形式为钢丝绳锚杆，由于在主动防护系统中，钢丝绳锚杆受到的荷载作用方向与锚杆轴向存在一定的角度，而目前在设计钢丝绳锚杆时，仅仅以锚杆轴向抗拔力作为锚杆的设计依据，这并不能反映钢丝绳锚杆的实际工作状态。为此，了解钢丝绳锚杆在不同方位拉拔力作用下的性能，可作为对钢丝绳锚杆进行性能评价和设计的标准。Muhunthan 等(2005)对钢丝绳锚杆在轴向和切向的荷载作用下的性能进行了试验研究，但通过对国内标准主动防护系统的安装特点和受到的荷载形式进行分析，发现钢丝绳锚杆受到的荷载与锚杆轴向之间存在一定的角度范围。同时，在被动防护系统中的锚杆也为钢丝绳锚杆，拉锚绳与锚杆轴向之间也存在一定的角度关系。为此，考查了解钢丝绳锚杆随不同方位拉拔力作用下的特点对于指导主动防护系统和被动防护系统中钢丝绳锚杆的设计和评价锚杆的性能具有较好的工程应用价值。

1.3.3 被动防护系统研究概况

目前，国外关于被动防护技术的研究较多，国内仅仅针对被动防护系统相关知识及应用特点进行了普及性的介绍。从查阅的文献资料来看，关于被动防护系统的研究主要集中在以下方面。

1. 被动防护系统中构件性能研究

对于被动防护系统中钢柱、消能件、柔性金属网等，国外均进行了深入的理论、试验和数值分析。Mentani 等(2016)研究了被动防护系统中落石的"子弹"效应；齐欣等(2017)对被动防护网在一次冲击后承受累加荷载的性能进行了研究；Effeindzourou 等(2017)提出了落石防护所用 TECCO 网的离散元模型；Castanon-Jano 等(2018)建立了两种被动防护系统的精细数值模型，并通过试验验证了可靠性；Ben 等(2009)根据实际工程中钢柱的破坏特点等情况，考虑了钢柱在固定连接、活动铰接两种方式下受到落石冲击时的性能，提出了两种连接方式中需要注意的问题；Ryan 等(2009)对被动防护系统在受到静力荷载作用下钢柱的受力形式进行了分析，优化了钢柱的连接构造措施；张发业等(2004)对目前工程中常用的几种消能件组成形式进行了介绍,张路青等(2007)提出了可用作消能装置的簧式缓冲器的工作原理,Pelia 等(1998)、Del Coz 和 García(2010)提出了几种消能件的设计方法,并对其耗能性能进行了试验研究;Maegawa 等(2005)对采用塑性材料制作的柔性网在落石冲击作用下的性能进行了试验研究。以上这些研究均是针对柔性防护系统中构件的力学性能进行分析,对构件的结构尺寸等进行了优化并提出的相关设计准则。

2. 被动防护系统整体性能研究

被动防护系统在产品的设计定型时,主要通过现场 1:1 的模型试验来确定其防护性能。Duffy 和 Haller(1993)设计了各种各样的试验方案来测试被动防护系统在落石冲击作用下的性能,然而这些方法存在一个明显的缺陷,每次试验均很难重复进行,而且不能满足预定动能的落石冲击被动防护系统的相同位置,试验没有重复性和可对比性。为此,Peila 和 Ronco(2009)通过总结已有模型试验的相关方法,比较分析不同模型试验的优缺点,设计了被动防护系统的试验模型规划图,对不同能级的被动防护系统进行了试验研究,该试验模型可以满足重复试验的需要,同时能够设计出不同能量、不同速度和不同尺寸的落石,尽可能地模拟工程实际情况。试验测试了防护系统在落石冲击作用时,系统内部支撑绳、拉锚绳上的荷载时程曲线,落石冲击过程中的位移时程曲线、速度时程曲线和加速度时程曲线等,提出了一种简化的计算防护系统在受到冲击荷载作用时,系统内部构件最大荷载的静力计算方法。Volkwein 等(2011)对落石柔性防护系统的特点和结构组成进行了较全面的综述。为了规范被动防护系统的测试方法,便于不同被动防护系统性能之间的比较,美国、瑞士以及日本等国均出台了相关的规范来指导被动防护系统的产品定型试验。2009 年,欧洲技术认可组织(European Organization for Technical Approvals)提出了对被动防护系统进行测试和评估的试验方法,即 The European Technical Approval Guideline,基于该方法,Cristina 等(2012)设计了被动防护系统的试验模型,对 Maccaferri 公司生产的不同能级的被动防护系统进行了试验,测试得到了系统中支撑绳、拉锚绳上的荷载时程曲线,为被动防护系统的设计定型和后续的数值分析研究提供了科学的依据。

3. 被动防护系统整体性能的数值分析

被动防护系统的现场模型试验花费巨大,由于测试水平的限制,模型试验得到的数据有限,并不能对被动防护系统的性能进行全面深入的了解。为此,有不少学者对被动防护系统进行了数值模拟研究。Cazzani 等(2002)对由钢丝绳网组成的被动防护系统(防护能级为 250kJ)进行了数值分析,考虑了不同直径的落石冲击被动防护系统不同位置时系统的反应;Volkwein 等(2003)通过对被动防护系统中组成构件性能的试验研究、环形网在不同约束条件下的落石冲击试验和被动防护系统的落石冲击试验,掌握了被动防护系统中主要组成构件的性能和被动防护系统的整体性能。根据试验得到了构件力学特性,设计了专门用来模拟被动防护系统在落石冲击作用下的计算程序。Gentilino 等(2013)建立了较完善的被动防护系统的整体数值模型,并对多种冲击工况进行了计算和分析;Castanon-Jano 等(2018)用显式有限元计算方法对被动防护系统中使用的各种消能件进行了性能分析,并对比总结了各自的特点。

1.3.4 被动防护系统有待进一步研究的问题

综合被动防护系统的相关研究情况可以看出，大多数研究者在对被动防护系统进行的试验及数值模拟中，主要关心的是系统防护能级的确定及优化问题，但是在实际应用中选取被动防护系统时需要考虑系统在冲击荷载作用下的变形距离。为了满足工程应用对系统提出的变形距离要求：一种情况是采用限制变形距离的构造措施，如减小跨距，然而这种方法会降低系统的防护能级，也会增大支撑构件遭受撞击的可能性，增加系统的施工费用以及系统的维护费用；第二种情况是增设两层柔性金属网或者增加钢丝的盘结圈数，这种办法在一定程度上会浪费材料。为了满足系统变形距离的要求，还有一种方法是改变环形网中单个圆环的连接方式，提高环形网中单个圆环吸收能量的能力，降低系统的变形距离（汪敏 等，2010）。为此，研究不同组合形式的环形网在落石冲击作用下的耗能性能具有很好的工程应用价值。

此外，被动防护系统中使用最多的消能件为减压环，减压环主要由钢管及铝管套筒组合而成，应用中将钢丝绳穿过钢管连接在防护系统的支撑绳及拉锚绳上，当与减压环相连的钢丝绳所受拉力达到一定程度时，减压环启动并通过钢丝绳的拉伸使钢管环径缩小来吸收能量，且当冲击能量在设计范围内时，能多次接受冲击发生位移，从而实现过载保护功能。然而，对减压环的性能评价均是采用拟静力试验得到减压环拉伸荷载作用下的荷载-位移曲线，通过计算得出减压环耗能的性能。而在实际应用和试验测试中发现，减压环的拟静力试验并不能充分反映其动荷载作用下的工作状态（Cazzani et al.，2002；汪敏 等，2010），研究减压环在动力荷载作用下的耗能性能对指导减压环的设计具有重要的意义。

1.3.5 引导式落石缓冲系统的研究概况

引导式落石缓冲系统是典型的针对落石运动第二阶段进行防护的系统，兼具主、被动防护系统的结构特征，是一种新型的落石柔性防护系统，主要由挂网结构(包括立柱和支撑绳)和防护网组成，如图 1.9 所示。引导式落石缓冲系统通过防护网的压覆作用限制落石的运动轨迹，使落石滚落到拦石槽、拦石墙等指定的落石堆积区域，避免造成落石灾害。与被动防护系统相比，引导式落石缓冲系统中防护网仅上端固定，下端自由铺展在边坡坡面上，释放了防护网更多的变形自由度和位移自由度，其对冲击落石的作用由拦截变为约束，因此系统承受的瞬时冲击作用减小，挂网结构的内力峰值降低。与主动防护系统相比，引导式落石缓冲系统布置时不必覆盖整个坡面，因此材料成本减少。对落石频发的高陡边坡来说，引导式落石缓冲系统是一种经济而有效的防护结构。此类结构目前是一个研究热点，2017 年 5 月在澳大利亚召开了第 68 届公路地质专题讨论会，会上专题讨论了引导式落石缓冲系统的问题，对于采用引导式落石缓冲系统来防护频发而能级较低的落石灾害的相关研究进行了讨论；Jones 等(2017)考察了在工程中将引导式落石缓冲系统与被动防护网结合使用的防护效果；Dhakal 等(2012)开展了大跨度口袋式防护网的现场落石冲击试验，发现防护效果较好。目前国内对于类似结构的研究较少，赵雅娜等(2016)通过数值仿

真方法对主被动混合式柔性防护网进行了初步的探讨研究；作者所在团队通过模型试验和
数值分析手段对引导式落石缓冲系统的耗能机制进行了研究。

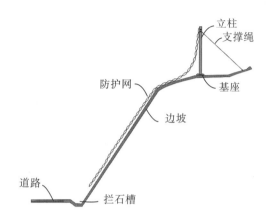

图 1.9　引导式落石缓冲系统示意图

1.3.6　引导式落石缓冲系统有待进一步研究的问题

引导式落石缓冲系统与传统被动防护系统的耗能构成不同，其防护过程中落石动能并
未被系统完全吸收，而是部分转化为系统内能和摩擦能，部分克服防护网重力和阻尼做功，
最终落石以衰减后的动能逸出防护系统，如图 1.10 和图 1.11 所示。引导式落石缓冲系统
的防护功能是改变落石的运动轨迹，约束落石飞行高度，最终将落石引导至指定的落石堆
积点或冲击区域，同时将落石能量降低到一定范围内。因此在控制落石运动轨迹的前提下，
提高系统的能量衰减性能是设计和优化引导式落石缓冲系统的关键。目前关于引导式落石
缓冲系统的系统性研究刚刚起步，为了明确该系统的能量衰减规律和耗能防护机理，以拓
展引导式落石缓冲系统在工程中的应用，本书综合利用模型试验、数值计算和理论分析方
法开展了引导式落石缓冲系统的应用基础研究。

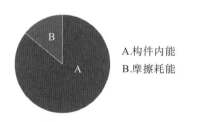

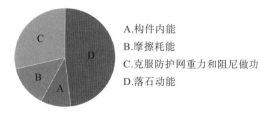

图 1.10　被动防护系统等拦截式系统的耗能组成　　图 1.11　引导式落石缓冲系统的耗能组成

第2章 主动防护系统防落石灾害的设计理论

我国是个多山的国家，特别是在西部和东南部山区，崩塌、塌落和风化剥落等浅层斜坡坡面地质灾害时常发生，尤其在运营铁路、公路这样的线状工程沿线最为严重(胡厚田，1989)。主动防护系统以其施工方便、布置灵活等特点在边坡防护工程中得到了广泛的应用。

主动防护系统分为标准主动防护系统(图 2.1)和主-被动防护系统(图 2.2)。标准主动防护系统将落石限制在坡面上；主-被动防护系统限制落石的运动轨迹，使得落石顺坡滑下到指定的地点。

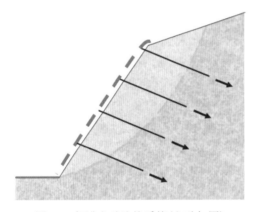 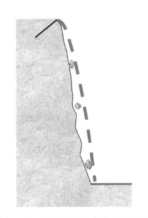

图 2.1　标准主动防护系统(主动加固)　　　图 2.2　主-被动防护系统(覆盖处理)

图 2.3 和图 2.4 给出了两类以钢丝绳网为主要构件的标准主动防护系统。第一类标准主动防护系统(图 2.3)主要由纵横向支撑绳、钢丝绳网、钢筋锚杆、锚垫板等组成，安装过程中通过旋转螺锚以调节纵横支撑绳的松紧度来张拉钢丝绳网，以保证整个系统紧贴坡面(阳友奎，2000)；第二类标准主动防护系统主要由纵横向支撑绳、钢丝绳网、钢丝绳锚杆和缝合绳组成，安装过程中通过张拉缝合绳以保证整个系统紧贴坡面。第一类标准主动防护系统在欧美等国家有较为广泛的使用，第二类标准主动防护系统在国内使用较为广泛，并以行业标准的形式进行了规范(阳友奎 等，2015)。

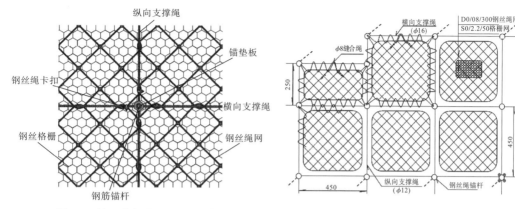

图 2.3　第一类标准主动防护系统　　　　　图 2.4　第二类标准主动防护系统(单位：mm)

以钢丝绳网为主要组成构件的标准主动防护系统,经过定性的理论研究和一定的实验检验,进行了产品单一化的定型,因而这种产品不区别工程地质状况笼统使用,在一些工程中出现了防护效果欠佳的情况。在随后的工程实践和研究中发现,斜坡稳定系统的防护功能是通过对岩土体的力学反作用过程来实现的,且与加固对象即边坡的特征以及岩土体物理力学性能直接相关。对于不同的防护需要,设计时无法仅仅用一个参数就完成工程的稳定性计算,也不应该对千变万化的边坡条件给出相同的系统结构,否则防护系统的使用就会出现防护能力欠佳或富余的情况(李念,2009)。因此在实际应用时,需要设计人员根据防护的坡面实际情况选择合适的钢丝绳网块规格和尺寸,确定锚杆布置方式、间距和抗拔力(贺咏梅 等,2006)。为了给工程应用时设计人员选择不同规格尺寸的钢丝绳网提供科学的参考依据,本章对目前工程中常用的以钢丝绳网为主要组成构件的标准主动防护系统在实际工程应用中受到的荷载特点进行分析,开展了钢丝绳网在法线方向荷载作用下的力学性能分析。

对于第一类标准主动防护系统,通过简化落石形状和边界条件,推导了落石作用下钢丝绳网抗顶破力的简化计算方法。对于第二类标准主动防护系统,设计了钢丝绳网和缝合绳组合而成的防护单元在荷载作用下试验模型,对防护单元的力学性能进行了试验和数值分析,并采用数值分析的方法研究网孔尺寸、网块规格对防护单元力学性能的影响,建立了防护单元在法向集中荷载和均布荷载作用下的荷载-位移关系曲线,作为国内标准主动防护系统中选择钢丝绳网块规格、网孔尺寸的参考依据。

此外,在第二类标准主动防护系统中,将钢丝绳锚杆的轴向抗拔力作为锚杆的设计依据,这与实际工程情况不符。在实际工程中,钢丝绳锚杆受到的荷载与锚杆轴向存在一定的角度关系,而这种角度关系对锚杆的力学性能有影响。因此,本章主要通过对钢丝绳锚杆在不同方位拉拔力作用下的性能进行试验研究,考查了荷载作用方向及孔径对钢丝绳锚杆性能的影响,提出主动防护系统中钢丝绳锚杆设计的指导原则,为工程应用提供参考。

2.1　标准主动防护系统的防护原理

对于标准主动防护系统，很多学者(Chau et al.，2002；Muhunthan et al.，2005；Sasiharan et al.，2006；Paola et al.，2009；Castro-Fresno et al.，2008，2009)基于现场调查了解的防护系统工作状态特点和破坏情况等，在一定假设前提的基础上，提出了标准主动防护系统的荷载作用模式。Castro-Fresno 和 Del Coz(2009)根据边坡的不同破坏特点将主动防护系统的工作状态分为起被动防护作用和起主动加固作用两个方面。起被动防护作用主要是针对当坡面上浅层的岩土体存在运动趋势，发生滑动及剥落或者在温度等外部环境变化情况下局部膨胀对主动防护系统进行作用时，主动防护系统施加一定的反向荷载，将岩土体限制在原有位置附近或者堆积在单个防护单元的下侧段内(图 2.5)。起主动加固作用主要是依靠金属网的张紧作用对坡面上突出危岩体施加法向预应力，从而阻止浅层危岩发生倾倒及滑塌(图 2.6)。

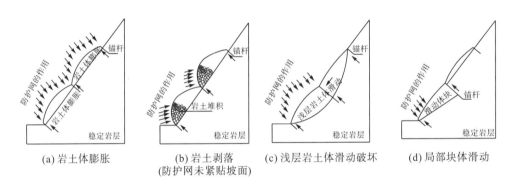

(a) 岩土体膨胀　　　(b) 岩土剥落　　　(c) 浅层岩土体滑动破坏　　(d) 局部块体滑动
　　　　　　　　　(防护网未紧贴坡面)

图 2.5　起被动防护作用的防护系统

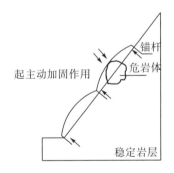

图 2.6　起主动加固作用的防护系统

对于图 2.5 起被动防护作用的防护系统，可以将边坡浅层破坏对防护系统的作用分解成法向(垂直于坡面)和切向(平行于坡面)两个均布荷载作用(最不利状态下)。对于图 2.6 起主动加固作用的防护系统，可以将危岩体的破坏对防护系统的作用分解成法向(垂直于坡面)和切向(平行于坡面)两个集中荷载作用。

　　防护系统切向荷载主要是由系统对岩土体沿切向的变形和位移的约束作用以及系统与边坡岩土体之间的摩擦作用产生,由边坡表面的外形特点控制,而防护系统法向的荷载主要是由防护系统对岩土体的法向变形和位移的约束作用所产生,取决于防护系统中金属网的边界条件和自身的力学性能,以及岩土体对防护系统的作用及反作用。因此,在标准主动防护系统中, 了解防护系统在法向集中荷载和均布荷载作用下的荷载-位移曲线及竖向最大承载力是设计标准主动防护系统的前提条件,具有重要意义。当防护系统中单个防护单元受到荷载作用时,荷载通过钢丝绳网传递给周围的纵横向支撑绳,支撑绳将荷载传递给锚杆,最后传递给稳定的地层(Castro-Fresno et al., 2008)(图 2.7)。

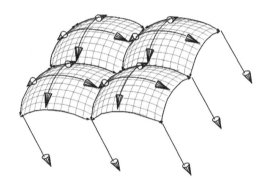

图 2.7　标准主动防护系统中荷载传递示意图

2.2　第一类标准主动防护系统中钢丝绳网抗顶破力理论计算方法

　　在起主动加固作用的防护系统中,局部危岩体突出部分一般是不规则的,与钢丝绳网的接触面积、危岩体的外形特点、作用位置均有一定的关系。一般情况下, 可以将接触部分简化成圆形、矩形及类似球面形,为简化计算,参考 Paola 等(2009)的试验,将危岩体与防护网的接触形式简化为圆形,为便于对不同规格的钢丝绳网力学性能进行比较,假设危岩体作用于防护系统的中间位置。在简化计算模型中,对单个防护单元的四周所有节点约束其平面内的自由度,而在实际的防护系统中,仅仅只有防护单元四周锚固端节点是固定的,其余部分节点会发生一定的位移。因此,理论计算模型得出的防护系统在局部集中荷载作用下的加固力及最大竖向位移比实际系统中的小,从工程应用的角度考虑是安全的。下面基于图 2.8 的简化计算模型,对防护系统提供的法线方向加固力进行理论分析。

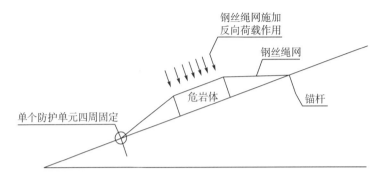

图 2.8　局部荷载作用下第一类标准主动防护系统简化计算模型

2.2.1　单根网格绳在法线荷载作用下的理论计算方法

根据图 2.8 的计算模型，可以考虑先从单根网格绳在法线荷载作用下的力学性能进行研究。因此，将三维模型简化成二维模型，单根网格绳的计算简图如图 2.9 所示。

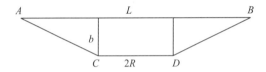

图 2.9　单根网格绳在局部荷载作用下的计算简图

图 2.9 中，$2R$ 为接触处圆形的直径，b 为网格绳的竖向变形距离，AB 为网格绳，长度为 L。由于单根网格绳在法线方向荷载作用下的变形属于小应变的问题，因此可以取网格绳一微小段，其应变方程为

$$\varepsilon = \frac{\mathrm{d}s - \mathrm{d}x}{\mathrm{d}x} = \frac{\sqrt{\mathrm{d}x^2 + \mathrm{d}z^2}}{\mathrm{d}x} - 1 = \sqrt{1 + \left(\frac{\mathrm{d}z}{\mathrm{d}x}\right)^2} - 1 \tag{2.1}$$

式中，$\mathrm{d}s$ 为网格绳变形后的长度；$\mathrm{d}x$ 为网格绳的原始长度；$\mathrm{d}z$ 为网格绳向下移动的长度。

对于 C、D 两点，取其微段进行分析，根据几何关系可知，其应变均为

$$\varepsilon = \sqrt{1 + \left(\frac{\mathrm{d}z}{\mathrm{d}x}\right)^2} - 1 = \sqrt{1 + \left(\frac{2b}{L - 2R}\right)^2} - 1 \tag{2.2}$$

若网格绳达到极限状态时，C、D 两点最先发生破坏，即此时 C、D 两点的应变为极限应变（ε_f），由此可知：

$$\varepsilon_\mathrm{f} = \sqrt{1 + \left(\frac{\mathrm{d}z}{\mathrm{d}x}\right)^2} - 1 = \sqrt{1 + \left(\frac{2b}{L - 2R}\right)^2} - 1 \tag{2.3}$$

网格绳所能承受的最大竖向位移为

$$b_\mathrm{max} = \frac{1}{2}(L - 2R)\sqrt{(1 + \varepsilon_\mathrm{f})^2 - 1} \tag{2.4}$$

另外，通过几何关系可知，AC 段网格绳提供的竖向加固力为

$$F' = \frac{\sigma \cdot A \cdot b}{\sqrt{b^2 + \frac{1}{4}(L-2R)^2}} \tag{2.5}$$

式中，A 为网格绳的截面面积。故网格绳提供的总的竖向加固力，即主动防护系统对边坡圆形区域施加的压力为

$$F = 2F' = 2\sigma \cdot A \frac{b}{\sqrt{b^2 + \frac{1}{4}(L-2R)^2}} \tag{2.6}$$

式中，T 为网格绳承受的拉力，$T = \sigma \cdot A$；σ 为网格绳在应变为 ε 时对应的应力。

将式(2.4)代入式(2.6)即可得到网格绳提供的最大竖向加固力为

$$F_{\max} = 2\sigma_{\max} \cdot A \frac{b_{\max}}{\sqrt{b_{\max}^2 + \frac{1}{4}(L-2R)^2}} \tag{2.7}$$

式中，$\sigma_{\max}$ 为网格绳在应变为 ε_{f} 时对应的应力。

2.2.2　主动防护系统在法线荷载作用下的理论计算方法

根据前面的分析，将图 2.9 变换成平面形式，计算模型如图 2.10 所示。落石在圆形接触面积内与防护系统相交于 $A_0B_0, A_1B_1, A_2B_2, A_3B_3, \cdots, A_{n-1}B_{n-1}, A_nB_n$ 点。一个防护单元的尺寸为 $L \times L$，正方形网格绳的边长为 l（限于篇幅，本书只对网孔为矩形、网格为正方形的一般计算公式进行了推导，其他形式可照此方式进行推导），根据现场调查确定一个防护单元中危岩体与防护系统之间的接触圆形直径为 $2R$，$A_0, A_1, \cdots, A_n$ 和 $B_0, B_1, \cdots, B_n$ 分别为变形网格与圆形区域的相交点。从图中可以看出，位于防护单元斜对角线处的单根网格 A_0B_0 最先发生破坏。

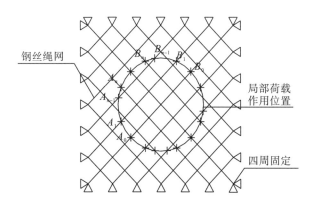

图 2.10　主动防护系统平面计算模型

由几何关系可知：与圆形区域相交于 A_0、B_0 点的网格绳的最大应变为 ε_{f}，总长为 $L_0 = \sqrt{2}L$。

与圆形区域相交于 A_1、B_1 点的网格绳的应变为

$$\varepsilon_1 = \sqrt{1 + \left(\frac{2b}{L_1 - 2\sqrt{R^2 - l^2}}\right)^2} - 1 \tag{2.8}$$

总长为

$$L_1 = \sqrt{2}L - 2l \tag{2.9}$$

与圆形区域相交于 A_2、B_2 点的网格绳的应变为

$$\varepsilon_2 = \sqrt{1 + \left(\frac{2b}{L_2 - 2\sqrt{R^2 - (2l)^2}}\right)^2} - 1 \tag{2.10}$$

总长为

$$L_2 = \sqrt{2}L - 4l \tag{2.11}$$

与圆形区域相交于 A_3、B_3 点的网格绳的应变为

$$\varepsilon_3 = \sqrt{1 + \left(\frac{2b}{L_3 - 2\sqrt{R^2 - (3l)^2}}\right)^2} - 1 \tag{2.12}$$

总长为

$$L_3 = \sqrt{2}L - 6l \tag{2.13}$$

与圆形区域相交于 A_{n-1}、B_{n-1} 点的网格绳的应变为

$$\varepsilon_{n-1} = \sqrt{1 + \left(\frac{2b}{L_{n-1} - 2\sqrt{R^2 - [(n-1)l]^2}}\right)^2} - 1 \tag{2.14}$$

总长为

$$L_{n-1} = \sqrt{2}L - 2(n-1)l \tag{2.15}$$

与圆形区域相交于 A_n、B_n 点的网格绳的应变为

$$\varepsilon_n = \sqrt{1 + \left(\frac{2b}{L_n - 2\sqrt{R^2 - (nl)^2}}\right)^2} - 1 \tag{2.16}$$

总长为

$$L_n = \sqrt{2}L - 2nl \tag{2.17}$$

式中，$\varepsilon_1, \varepsilon_2, \cdots, \varepsilon_{n-1}, \varepsilon_n$ 为与圆形区域相交处网格绳的应变；$L_1, L_2, \cdots, L_{n-1}, L_n$ 为与圆形区域相交处网格绳的计算长度。

由于位于防护单元斜对角线处的单根网格 A_0B_0 最先发生破坏，此时由式 (2.4) 可得网格绳所能承受的最大竖向位移为

$$b_{\max} = \frac{1}{2}(L_0 - 2R)\sqrt{(1 + \varepsilon_f)^2 - 1} \tag{2.18}$$

将上面求出的 ε、L、$b_{\max}$ 代入式 (2.6)，可以得到不同的 $F_0, F_1, F_2, \cdots, F_n$，此时网格对圆形区域总的作用力为

$$F = 4 \times (F_1 + F_2 + \cdots + F_n) + 2F_0 \tag{2.19}$$

式中，$F_0, F_1, F_2, \cdots, F_n$ 分别为与 $A_0B_0, A_1B_1, A_2B_2, \cdots, A_nB_n$ 相交的网格绳提供的法线方向的加固力。

2.2.3　算例分析

为了验证前述理论分析的正确性，本节选用了 Grassl 等(2002)所做试验的模型(图2.11)及其相关参数进行计算。试验模型中网格尺寸为 2.0m×2.0m，网格中网孔为矩形，规格为 283mm，钢丝绳直径为 8mm，钢丝绳等效截面面积为 30.95mm²，试验中加载板的直径为 600mm(图中圆形区域为加载位置)，试验模型四周固定，与理论计算模型一致。钢丝绳的应力应变关系曲线如图 2.12 所示。由于在试验中对钢丝绳网进行了初始预加载，同时试验前对钢丝绳网有一定的预张拉作用，因此，在理论计算中考虑初始预加荷载对钢丝绳网的影响，取网格绳的初始应变为 $\varepsilon' = 0.002$ ，与 Grassl 等(2002)研究中数值计算采用的初始预应变相同。

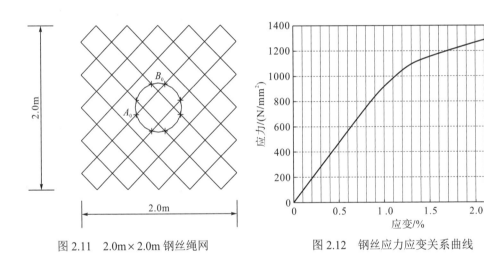

图 2.11　2.0m×2.0m 钢丝绳网　　　　图 2.12　钢丝应力应变关系曲线

计算防护系统法线方向提供的加固力时，首先需要确定防护系统的竖向最大位移。从图 2.11 中可以看出，最先发生破坏的网格绳为与圆形相交于 A_0、B_0 的网格绳，由式(2.18)可得

$$b_{\max} = \frac{1}{2}(L_0 - 2R)\sqrt{(1+\varepsilon_f)^2 - 1} = 200.6\text{mm}$$

式中，$L_0 = 2547\text{mm}$ ，$R = 300\text{mm}$ ，$\varepsilon_f = 0.023 - \varepsilon' = 0.021$ 。

根据式(2.7)可得与圆形相交于 A_0、B_0 的网格绳提供的竖向加固力为

$$F_0 = 2\sigma_0 \cdot A \frac{b_{\max}}{\sqrt{b_{\max}^2 + \frac{1}{4}(L_0 - 2R)^2}} = 16.7\text{kN}$$

式中，$A = 30.95\text{mm}^2$ ，$b_{\max} = 200.6\text{mm}$ ，$L_0 = 2547\text{mm}$ ，$\sigma_0 = 1330\text{MPa}$ 。

根据图 2.11 可以看出，直接承受荷载作用的网格绳具有对称性，由式(2.19)可得总的

竖向加固力为

$$F = 4F_0 = 66.8\text{kN}$$

表 2.1 给出了理论计算与 Grassl 等(2002)的试验及数值计算结果对比,竖向最大位移
与竖向最大加固力的理论值与试验值误差分别为 14.6%、16.5%,与计算值之间的误差分
别为 5.6%、18.5%。理论值的竖向最大位移与计算值比较接近,与试验值相差较大,这主
要是在试验中初始加载阶段的一部分位移没有记入造成的。而理论计算得出的竖向最大加
固力较试验及计算值偏小,误差产生的主要原因是在理论计算防护系统法线荷载时没有考
虑钢丝绳之间的相互作用,因此理论计算得出的最大加固力值偏小。

表 2.1　理论值与 Grassl 等的试验值及计算值对比(网块规格为 2.0m×2.0m)

项目	竖向最大位移	竖向最大加固力
理论计算	200.6mm	66.8kN
Grassl 等的试验值	175.0mm	80.0kN
Grassl 的计算值	190.0mm	82.0kN
理论值与试验值误差	14.6%	16.5%
理论值与计算值误差	5.6%	18.5%

2.3　第二类标准主动防护系统在荷载作用下的试验和数值分析

目前,国内工程中应用较多的是以钢丝绳网为主要组成构件的第二类标准主动防护系
统(类型为 GPS2 型),系统标准布置见图 2.4,系统布置的剖面如图 2.13 所示,现场照片
如图 2.14 所示。该防护系统在设计定型时确定了构件的主要性能指标:采用 $\phi16$ 系统钢
丝绳锚杆+$\phi16$ 横向支撑绳+$\phi12(16)$纵向支撑绳,选取的钢丝绳网网型为 DO/08/300/(DO
表示菱形钢丝绳网,08 表示钢丝绳直径为 8mm,300 表示网孔菱形边长为 300mm)。同时,
防护系统在钢丝绳网下铺设小网孔的 SO/2.2/50/2.25×10.2 格栅网(SO 表示钢丝格栅,2.2
表示钢丝直径为 2.2mm,50/2.25×10.2 表示按网孔内切圆直径为 50mm 编织成的长 10.2m、
宽 2.25m 的钢丝格栅),以阻止小尺寸岩块的崩塌或者限制局部岩土体的破坏。

《铁路沿线斜坡柔性安全防护网》(TB/T3089—2016)将该防护系统的主要防护能力
确定为有小块危岩或土质边坡时使用,为确保加固功能的实现,该系统要求钢丝绳网尽可
能紧贴坡面,为此首先要求按一定间距布置系统锚杆,该间距应大于钢丝绳网的相应边长,
以便将与锚杆相连的支撑绳与钢丝绳网周边进行缝合时能将钢丝绳网张拉紧,此外,锚杆
孔口应开挖凹坑,以使约束支撑绳的锚杆外露环套不高于孔口处地平面。

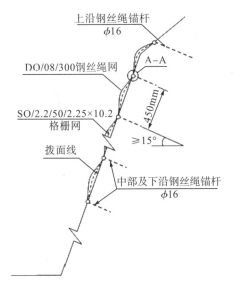

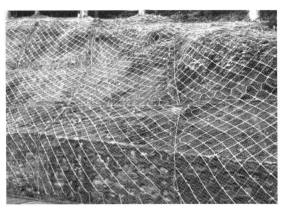

　　图 2.13　第二类标准主动防护系统剖面图　　　　图 2.14　第二类标准主动防护系统现场照片

　　为了研究标准防护系统中单个防护单元(四根锚杆范围内钢丝绳网组成的防护单元)在荷载作用下的力学性能,国外相关研究者设计了不同的试验方法来测试钢丝绳网在法向荷载作用下的力学性能,图 2.15、图 2.16 分别给出了两种测试的方法,试验中钢丝绳网与四周的钢梁进行连接。由于钢丝绳网在荷载作用下的变形距离较大,试验中必须考虑采用行程较大的千斤顶(图 2.15)或者采用电动葫芦(图 2.16)来施加荷载,以保证行程能够满足既定要求。

　图 2.15　采用大行程千斤顶进行了钢丝绳网法向　　图 2.16　采用电动葫芦进行的钢丝绳网法向集中
　　　　　 集中荷载作用下的试验　　　　　　　　　　　　　 荷载作用下的试验

　　由于国内标准主动防护系统的结构形式主要采用缝合绳连接钢丝绳网和纵横向支撑绳,因此,在讨论钢丝绳网力学性能时,需要考虑缝合绳对钢丝绳网力学性能的影响。基于上述原因,参考国外试验的相关情况,笔者设计了由钢丝绳网及缝合绳组成的防护单元在法向集中荷载作用下的试验模型,主要通过试验与数值分析相结合的方法,讨论钢丝绳及缝合绳组成的防护系统在法向集中荷载作用下的力学性能,提出相关的改进措施,优化标准主动防护系统的性能。

2.3.1　试验方案及台架的设计

在国内常用的标准主动防护系统中，钢丝绳网的网孔为菱形。结合钢丝绳的尺寸规格情况及试验条件，选取的钢丝绳网的网块规格为 2m×2m，钢丝绳直径为 8mm，网孔尺寸为 300mm×300mm，采用 8mm 缝合绳对钢丝绳网进行缝合，组成 2.5m×2.5m 的试验防护单元(图 2.17)。

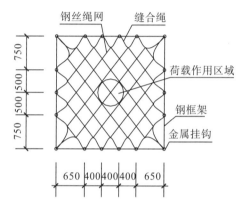

图 2.17　缝合绳及钢丝绳网组成的防护单元(mm)

根据前面的假设条件，本书对由缝合绳及钢丝绳网组成的防护单元进行法向集中荷载作用下的力学性能试验。参考前述的假设条件，将危岩体与防护系统的接触形式简化为圆形，危岩体作用于防护单元的中间位置。在试验模型中，对单个防护单元的四周所有节点均约束其平面内的自由度，而在实际的防护系统中，仅仅只有防护单元四周锚固端节点是固定的，其余部分节点会发生一定的位移。因此，由试验模型得出的防护单元在法向集中荷载作用下的承载力及最大竖向位移比实际系统中的小，从工程应用的角度考虑是安全的。

如图 2.17 所示，设计了试验用钢梁，钢梁与四个三角形反力架组成试验台架，钢丝绳网与缝合绳的连接方式按照图 2.18 所示方法进行连接。当采用缝合绳对钢丝绳网进行张拉时，钢丝绳网与缝合绳之间的弯折和摩擦作用会导致在实际安装过程中很难将钢丝绳网张紧。在试验开始阶段，防护单元在受到很小的荷载作用情况下即发生很大的位移，为了尽量减少这部分的变形，在缝合绳对钢丝绳网进行张紧的过程中，将缝合绳分为四段，采用张线器对缝合绳进行预张拉，从而减少钢丝绳网在发生弹性变形前的非弹性变形能力，安装完毕的试验台架和钢丝绳网如图 2.18 所示。

由于在施加荷载过程中，钢梁会受到斜向荷载作用产生扭曲变形，为了保证试验的正常进行，必须对钢梁的扭曲变形进行控制。试验中首先对钢梁所受的荷载进行预先估计，同时采用 ANSYS 有限元软件分析试验中荷载对钢梁的作用。出于安全的考虑和数值建模计算的方便，在单根工字钢受力点施加水平和竖向荷载，大小均为 10kN，集中荷载作用位置位于缝合绳与钢梁的连接处(图 2.18)，工字钢两端按固定连接考虑。

图 2.18　安装完毕的试验台架和钢丝绳网

数值分析采用有限应变壳单元 SHELL181 来模拟钢梁(图 2.19)。SHELL181 适用于分析薄至中等厚度的壳结构。该单元由 4 个节点 I、J、K 和 L 定义，每个节点有 6 个自由度：节点坐标系的 x、y、z 方向的平动和绕 x、y、z 轴的转动。由该单元退化而成的三角形单元，仅在网格划分时用作填充单元。该单元特别适用于分析具有线性、大角度转动和/或非线性大变形特性的应用问题。非线性分析中考虑了壳厚度的变化。单元内积分可用完全积分和减缩积分。SHELL181 单元可分析分布压力的作用效果。

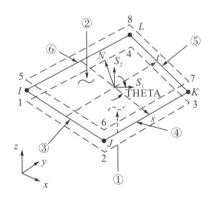

图 2.19　SHELL181 单元尺寸示意图

注：1～8 表示 SHELL181 单元上下角部积分点；①～⑥表示 SHELL181 单位中间积分点

数值分析中钢材为 Q235 钢，常温下屈服强度为 235MPa，钢材密度为 7850 kg/m³，有限元计算模型如图 2.20、图 2.21 所示。通过多次试算，选取工字钢型号为 I28。钢梁在荷载作用下的位移云图如图 2.22、图 2.23 所示。

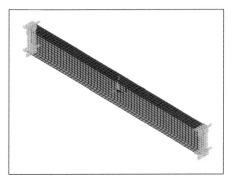

图 2.20　四点受荷钢梁数值分析模型

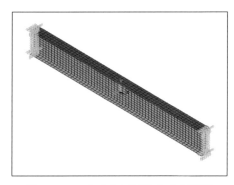

图 2.21　三点受荷钢梁数值分析模型

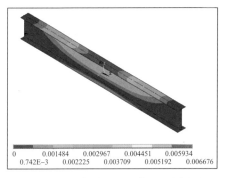

图 2.22　四点受荷钢梁变形云图(m)

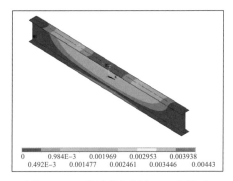

图 2.23　三点受荷钢梁变形云图(m)

从图 2.22 和图 2.23 可以看出，钢梁在四点受荷作用下的最大位移为 6.676mm，在三点受荷载作用下的最大位移为 4.43mm，满足试验的安全性要求。同时，根据计算得出的钢梁受荷载条件，设计钢梁之间焊缝尺寸及钢梁与三角形反力架之间的螺栓连接方式及个数，以确保试验安全。

2.3.2　试验步骤及结果

1. 试验的加载设备

考虑到防护单元在法向集中荷载作用下位移较大，对加载设备提出了变形距离的要求。试验中用两个自行设计的带有传感器装置的葫芦进行加载，满足试验所需变形距离的要求。在加载中将葫芦的一端固定在地钩上，另一端挂在与钢板相连的钢丝绳上，保证两个葫芦在同一高度(图 2.24)。并在加载中使两者尽量同步，以使钢板能够平均受力。钢板周围采用切割机打磨，避免钢板与钢丝绳交接处首先发生破坏。

2. 位移的测量方法

为了保证试验安全，试验中位移的测量通过将直尺固定在钢板的边缘(图 2.24)，用水准仪对直尺数值进行读数，通过两次读数间的差值来确定位移。

图 2.24　加载设备及位移测量方法

3. 试验加载方案

采用分级加载的方案进行加载，开始时每级加荷载 2kN，当位移超过 100mm 后，每级加荷载 5kN，每次加载完成后持荷 2min，并读取持荷前后的两次位移值。

试验共进行了 5 次，得到了防护单元在法线集中荷载作用下的荷载-位移曲线，如图 2.25 所示。前 3 次试验中，在角部缝合绳与钢丝绳网之间未设置钢丝绳卡扣，防护单元的破坏形式基本一致，均是防护单元的角部缝合绳与钢丝绳网连接节点处发生破坏（图 2.26）。在后两次试验中，缝合绳与钢丝绳网之间采用了钢丝绳卡扣进行连接，防护单元的破坏主要是由钢丝绳网内部相互交叉处钢丝绳发生断裂引起。此时角部缝合绳与钢丝绳网之间由于钢丝绳卡扣的作用，未发生破坏，但局部存在破损现象（图 2.27）。

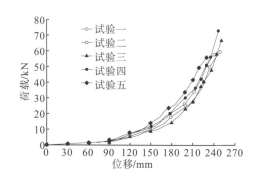

图 2.25　试验得到的荷载-位移曲线

图 2.26　角部钢丝绳网与缝合绳交接处断裂

图 2.27　角部钢丝绳网与缝合绳交接处采用钢丝绳卡扣连接

2.3.3　防护单元法向集中荷载作用下的数值分析

　　在进行数值分析前，引入两个假设条件：①钢丝绳网与缝合绳组成的防护单元在初始受荷条件下处于张紧状态；②钢丝绳网间的卡扣、钢丝绳网与缝合绳连接处均作为一个节点考虑，不先于其他构件发生破坏。

　　数值分析中，选用 LINK10 来模拟钢丝绳，该单元具有特有的双线性刚度矩阵，因此可以承受单向拉伸或单向压缩。LINK10 单元独一无二的双线性刚度矩阵特性使其成为一个轴向仅受拉或仅受压杆单元。使用仅受拉选项时，如果单元受压，刚度就消失，以此来模拟缆索的松弛或链条的松弛。这一特性对于将整个钢缆用一个单元来模拟的钢缆静力问题非常有用。当需要松弛单元的性能，而不是关心松弛单元的运动时，它也可用于动力分析(带有惯性或阻尼效应)。LINK10 单元在每个节点上有 3 个自由度：沿节点坐标系 x、y、z 方向的平动，不管是仅受拉(缆)选项，还是仅受压(裂口)选项，该单元都不包括弯曲刚度。该单元具有应力刚化、大变形功能。该单元的几何、节点位置以及坐标系如图 2.28

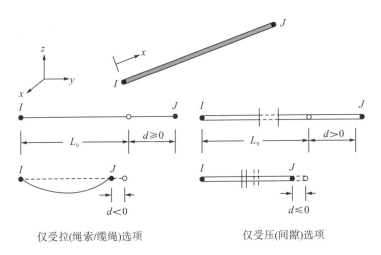

图 2.28　LINK10 单元尺寸示意图

所示,单元通过两个节点、横截面、初始应变或间隙以及各向同性材料特性来定义。单元的 x 轴是沿着节点 I 到节点 J 的单元长度方向。单元的初始应变(ISTRN)由 Δ/L 给出,这里 Δ 是单元长度 L(由节点 I 和 J 的位置来定义的)和零应变长度 L_0 之间的差值。对于缆选项,负的应变值表示其处于松弛状态。对于裂口选项,正的应变值表示其处于裂开状态。这里裂口的值必须作为每单位长度的值输入。

在数值分析中,材料模型采用多线性等向强化(Von Mises 屈服准则)。由于分析的问题属于小应变、大变形问题,因此采用钢丝绳的工程应力应变作为依据,标准主动防护系统中编网用钢丝绳的工程应力应变关系见图 2.12(Castro-Fresno et al.,2008),数值分析模型如图 2.29 所示。

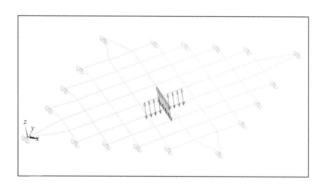

图 2.29　数值分析模型

图 2.30 给出了试验过程中防护单元在法向集中荷载作用下的变形图。从图中可以看出,当荷载在一定范围内时,由于钢板的刚度较大,与钢板直接接触的钢丝绳的竖向位移相同。因此,为了模拟试验中采用钢板施加荷载的过程,将法向的集中荷载平均施加到钢丝绳网与钢板接触处的节点上,同时耦合节点法向的位移自由度,图 2.31 给出了数值分析得到的防护单元在钢板作用下的变形图,与试验得到的变形图一致。

图 2.30　试验中防护单元在法向集中荷载作用下
的变形图

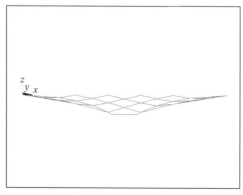

图 2.31　数值分析的防护单元在钢板作用下
的变形图

图 2.32 给出了防护单元在法向集中荷载作用下数值计算与试验得到的荷载-位移曲线。从图中可以看出，由于在安装过程中，钢丝绳网与缝合绳之间存在摩擦作用，施工现场很难将钢丝绳网张拉到预紧状态，防护单元在受到很小的荷载作用时即发生较大位移，而数值分析中假设防护单元处于预张紧状态，因此在相同的荷载作用下，试验得出的防护单元法向集中荷载作用下的位移较数值计算结果偏大，在实际工程中更容易导致采用防护系统防护浅层坡面地质灾害时，岩土体堆积在单个防护单元的下侧段内(图 2.5)，而使系统的纵向荷载变得很大，可能造成系统需要经常性修复。另外，在前三次试验中，由于防护单元角部缝合绳与钢丝绳网之间的相互错动摩擦作用，导致此处节点最先发生破坏。而在后两次试验中，采用钢丝绳卡扣将角部钢丝绳与缝合绳交接处进行连接，限制了两者之间的相互错动，数值计算模型与试验模型较一致，数值计算得出的最大竖向荷载与试验结果吻合较好。

考虑到在加载初期，当荷载很小时，防护单元存在一部分弹性变形前的非弹性变形位移，因此在试验结果中需要扣除这一部分位移值的影响，通过试验观测，这一部分位移值取近似值 30mm，得到了修正后防护单元在法向集中荷载作用下试验四、试验五和数值模拟得到的荷载-位移曲线(图 2.33)。从图中可以看出：当将试验开始阶段防护单元发生弹性变形前的一部分非弹性变形扣除掉后，数值计算得到的防护单元在法向集中荷载作用下的荷载-位移曲线与试验结果吻合好。

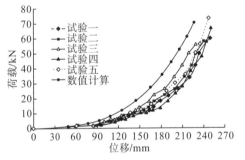 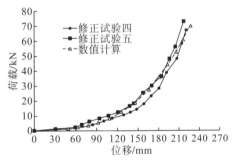

图 2.32　数值计算与试验得到的荷载-位移曲线　　图 2.33　数值计算与修正试验得到的荷载-位移曲线

由于试验测试得到的数据有限，当需要详细了解防护单元内钢丝绳上的荷载分布特点时，可以很方便地从数值计算的结果中获取。为了得到防护单元内钢丝绳上的应力分布情况，在数值计算结果的后期处理中，需要通过定义单元表格的形式得到钢丝绳上应力分布云图(图 2.34)。从图中可以看出：当防护单元跨中部位受到法向集中荷载作用时，靠近荷载作用位置处钢丝绳上单元应力较大。从图 2.34 中选取防护单元钢丝绳上 4 个位置的节点，绘制了节点的荷载与外加荷载之间的关系曲线图(图 2.35)。从图中可以看出，在防护单元内，单根钢丝绳上靠近荷载作用位置附近的单元内力较远离荷载作用位置处偏大，处于正中心的钢丝绳受到的荷载较其他钢丝绳的荷载大。

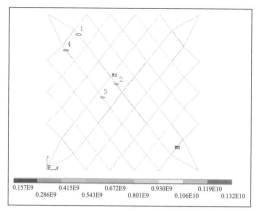

图2.34　法向集中荷载作用下的单元应力分布云图（2.5m×2.5m，300mm×300mm）

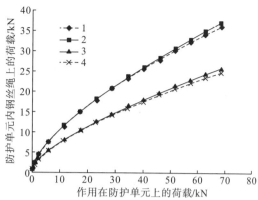

图2.35　不同位置处防护单元内节点荷载与作用于防护单元上荷载之间的关系曲线（2.5m×2.5m，300mm×300mm）

2.3.4　常用网块尺寸的防护单元法向集中荷载作用下的数值分析

目前，应用在标准主动防护系统中的钢丝绳网主要有 2m×2m、3m×3m、4m×4m 等，网孔尺寸主要有 200mm×200mm、250mm×250mm、300mm×300mm 等，因此下面主要采用数值分析的方法对钢丝绳网与缝合绳组成的防护单元法向集中荷载作用下的性能进行数值分析。当采用缝合绳对钢丝绳网进行缝合时，主要根据钢丝绳网块尺寸加 0.5m 而形成防护单元。因此，不同网孔尺寸和网块规格的钢丝绳网和缝合绳组成的防护单元常用网块尺寸如表 2.2 所示。

表 2.2　不同网孔尺寸、网块规格的钢丝绳网和缝合绳组成的防护单元常用网块尺寸

网孔规格	钢丝绳网块规格	防护单元常用网块尺寸
200mm×200mm	2m×2m	2.5m×2.5m
	3m×3m	3.5m×3.5m
	4m×4m	4.5m×4.5m
250mm×250mm	2m×2m	2.5m×2.5m
	3m×3m	3.5m×3.5m
	4m×4m	4.5m×4.5m
300mm×300mm	2m×2m	2.5m×2.5m
	3m×3m	3.5m×3.5m
	4m×4m	4.5m×4.5m

图 2.36～图 2.38 给出了不同网块规格、不同网孔尺寸的钢丝绳网和缝合绳组成的防护单元在法向集中荷载作用下的荷载-位移曲线，集中荷载作用于防护单元的正中心位置，荷载作用范围分别为直径为 600mm、800mm 和 1000mm 的圆形区域。从图中可以看出：

当防护单元的网块尺寸相同时，随着钢丝绳网网孔尺寸的增大，防护单元法向集中荷载作用下的承载力逐渐减小；当钢丝绳网网孔尺寸相同时，随着防护单元网块尺寸的增大，防护单元法向集中荷载作用下的承载力缓慢增大；当防护单元受到相同的荷载作用时，随着钢丝绳网网孔尺寸的增大，防护单元法向位移逐渐增大；当防护单元受到相同的荷载作用时，随着防护单元网块尺寸的增大，防护单元法向位移逐渐增大。

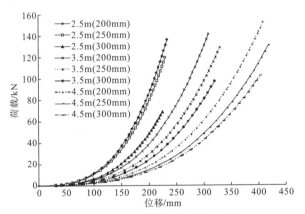

图 2.36　防护单元法向集中荷载-位移曲线（600mm）

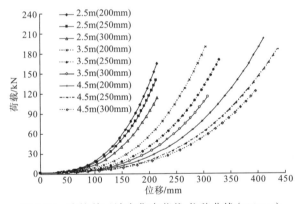

图 2.37　防护单元法向集中荷载-位移曲线（800mm）

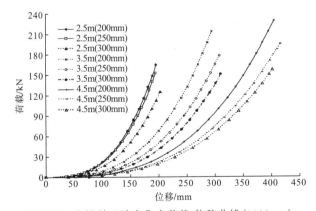

图 2.38　防护单元法向集中荷载-位移曲线（1000mm）

另外，表 2.3 给出了由数值分析得到的防护单元在法向集中荷载作用下(荷载作用范围为直径为 600mm、800mm 和 1000mm 的圆形区域)的最大位移和最大荷载。对比表中数据可以看出：当出相同的网块规格、网孔尺寸的钢丝绳网组成相同网块尺寸的防护单元时，防护单元法向的最大荷载随着荷载作用区域的增大而逐渐增大。

表 2.3　数值分析得到的防护单元在法向集中荷载作用下的计算结果

网块尺寸/m	网孔尺寸/mm	数值计算(600mm)		数值计算(800mm)		数值计算(1000mm)	
		最大位移/mm	最大荷载/kN	最大位移/mm	最大荷载/kN	最大位移/mm	最大荷载/kN
2.5	200	233.8	136.1	214.8	163.4	200.9	178.8
	250	230.3	119.6	212.2	138.2	194.6	151.0
	300	225.2	68.5	214.2	111.6	202.0	123.8
3.5	200	309.0	141.3	304.1	188.2	293.7	210.8
	250	330.1	128.4	329.4	168.6	307.5	175.8
	300	320.2	97.0	307.8	113.4	310.1	149.0
4.5	200	408.9	151.7	410.4	200.6	404.1	226.8
	250	418.6	130.1	436.0	184.2	414.7	193.1
	300	404.2	102.3	404.6	121.4	401.5	155.7

从对防护单元在法向集中荷载作用下的计算结果可以看出：防护单元法向最大承载力、最大变形距离与防护单元网块尺寸，组成防护单元内钢丝绳网规格尺寸以及荷载作用范围均有一定的关系。为了方便在工程应用中掌握防护单元在法向集中荷载作用下的最大承载力与荷载作用范围之间的关系，下面通过 MATLAB 拟合得到防护单元最大承载力与荷载作用范围之间的关系式。

当采用 MATLAB 进行数据拟合时，选用一次多项式进行数据处理：

$$y_1 = a_1 x + b_1 \tag{2.20}$$

式中，x 为荷载作用区域圆形半径；y_1 为防护单元法线方向最大荷载；a_1、b_1 为待定拟合系数。

表2.4中给出了数据拟合得到的防护单元法向集中荷载作用范围与最大承载力之间的关系式。从拟合情况看，各个拟合关系式的相关系数均在 0.9 以上，说明采用一维线性方程进行拟合是合适的，拟合情况较好，各种情况下的关系式拟合情况如图 2.39～图 2.41 所示。

表 2.4　防护单元法向集中荷载作用范围与最大承载力间的拟合关系式

网孔尺寸/mm	网块规格		
	2.5m	3.5m	4.5m
200	$y_1 = 0.1192x + 62.3667$	$y_1 = 0.1737x + 41.4$	$y_1 = 0.1877x + 42.8333$
250	$y_1 = 0.0785x + 73.4667$	$y_1 = 0.1185x + 62.8$	$y_1 = 0.1575x + 43.1333$
300	$y_1 = 0.1457x - 16.3$	$y_1 = 0.13x + 15.8$	$y_1 = 0.1335x + 19.6667$

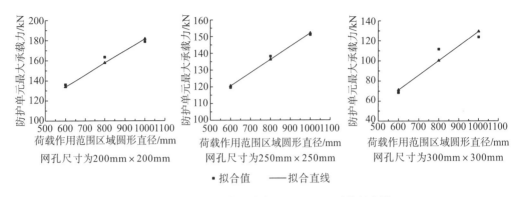

图 2.39 防护单元网块尺寸为 2.5m×2.5m 时的拟合情况

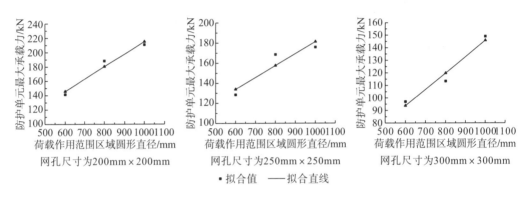

图 2.40 防护单元网块尺寸为 3.5m×3.5m 时的拟合情况

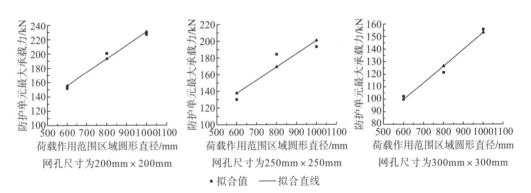

图 2.41 防护单元网块尺寸为 4.5m×4.5m 时的拟合情况

2.3.5 常用网块尺寸的防护单元法向均布荷载作用下的数值分析

前文主要针对防护单元在法向集中荷载作用下的力学性能进行了研究,当标准主动防护系统中单个防护单元受到均布荷载作用时,防护单元在均布荷载作用下的性能是工程应用时的一个重要参考指标。下面通过数值分析的方法,计算表 2.2 中常用网块尺寸的防护单元在均布荷载作用下的性能。

当采用数值计算方法分析防护单元在均布荷载作用下的力学性能时,均布荷载的施加方法如下：首先通过均布荷载与防护单元防护面积换算出防护单元受到法线方向的最大荷载，其次，将法线方向最大荷载平均施加到数值分析模型中防护单元内的每个节点上（图2.42）。防护单元在法向均布荷载作用下单元应力分布如图 2.43 所示。从图中可以看出：均匀荷载作用下防护单元内单元应力分布与集中荷载作用下的单元应力分布明显不同。在均布荷载作用下，防护单元内单元应力最大的部位在防护单元四周跨中部位。

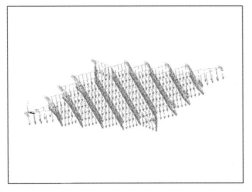

图 2.42 防护单元内均布荷载施加情况
（2.5m×2.5m，300mm×300mm）

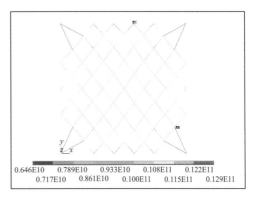

图 2.43 法向均布荷载作用下的单元应力分布图
（2.5m×2.5m，300mm×300mm）

图 2.44 中给出了常用网块尺寸的防护单元在法向均布荷载作用下荷载-位移曲线，其中荷载为施加在防护单元上的均布压力，位移为防护单元跨中处最大的法向位移。表 2.5 给出了数值分析得出防护单元在法向均布荷载作用下的最大位移和最大均布力计算结果。综合图 2.44 和表 2.5 可以看出：在防护单元网块尺寸相同的情况下，随着钢丝绳网网孔尺寸的增大，防护单元均布荷载作用下的承载力逐渐减小；当钢丝绳网网孔尺寸相同时，随着防护单元网块尺寸的增大，防护单元均布荷载作用下的承载力逐渐减小；当防护单元受到相同的均布荷载作用时，随着钢丝绳网网孔尺寸的减小，防护单元位移逐渐减小；当防护单元受到相同的均布荷载作用时，随着防护单元网块尺寸的增大，防护单元位移逐渐增大。

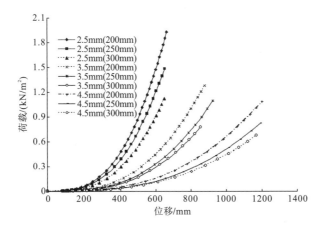

图 2.44 防护单元在法向均布荷载作用下的荷载-位移曲线

表 2.5 数值分析得出的防护单元在法向均布荷载作用下的计算结果

网块尺寸/m	网孔尺寸/mm	法向最大位移/mm	法向最大均布荷载/(kN/m^2)
2.5	200	672.5	1.918
	250	659.1	1.478
	300	657.9	1.112
3.5	200	882.9	1.268
	250	929.6	1.086
	300	860.4	0.769
4.5	200	1200.9	1.077
	250	1193.2	0.821
	300	1170.7	0.699

2.3.6 工程中选用钢丝绳网块规格尺寸的依据

标准主动防护系统在防护边坡的过程中，首先需要对边坡进行现场调查，掌握崩塌落石在坡面上的位置分布、形状、体积等；其次搞清楚标准主动防护系统在防护边坡过程中受到的荷载形式及其特点，如是集中荷载起主要作用，还是均布荷载起主要作用；再次根据集中荷载或均布荷载的大小，根据经济性和适用性等原则，选择钢丝绳的网块规格尺寸；最后确定锚杆间距及抗拔力。

目前，在工程应用中，仅仅根据经验来确定钢丝绳网的网块规格和网孔尺寸，本节通过对不同网块规格、不同网孔尺寸的钢丝绳网和缝合绳组成的防护单元进行的试验和数值分析，讨论了钢丝绳网的网块规格和网孔尺寸对防护单元法向集中荷载和均布荷载作用下的影响规律。本书建立的标准主动防护系统中防护单元在法向集中荷载和均布荷载作用下的荷载-位移关系曲线，能够从直观上反映防护单元力学性能的差异，为工程设计人员选择钢丝绳网的网块尺寸提供依据。

2.4 第二类标准主动防护系统中钢丝绳锚杆力学性能的试验研究

在第二类标准主动防护系统中，锚杆受到的荷载与一般工程中锚杆受到的外部荷载存在一定的区别，当防护单元受到外部荷载作用时，内部锚杆受到的荷载也与锚杆轴向存在一定的角度关系(图 2.13)。

锚杆受到的外部荷载与锚杆轴向存在一定的角度关系，导致锚杆的破坏形态与一般工程上锚杆的破坏形态存在一定的差异。如图 2.45 所示，在主动防护系统中，锚杆受到近似水平荷载作用发生了较大的位移，周围岩土体发生了破坏。Muhunthan 等(2005)对主动防护系统中采用的锚杆形式进行了归纳总结，对各种不同锚杆在竖直方向和水平方向受到荷载作用下的性能进行了研究。但是，由于国内主动防护系统和被动防护系统中大部分采用的是钢丝绳锚杆，锚杆受到的荷载与锚杆轴线之间的角度为 0°～90°。下面主要讨论一下钢丝绳锚杆在不同方位拉拔力作用下的力学性能及变形特点。

图 2.45　主动防护系统中钢丝绳锚杆周围岩土体在荷载作用下的变形情况

2.4.1　钢丝绳锚杆长度的设计问题

在主动防护系统中，由于柔性网与危岩或坡面间依靠锚杆来实现力的传递，因此锚固设计极为重要。由于系统的柔性和整体性特征，局部荷载除了向临近锚杆加载，还将通过与其相连接的纵横向支撑绳向周边传递，从而实现荷载的分散承担。因此，在主动防护系统中，单根锚杆的锚固力需求和锚杆布置密度可以较低(李念 等，2004)，锚固段长度可以根据不同的方式确定(徐年丰 等，2002；夏雄，2002；张发明 等，2003)。陈江和夏雄(2006)对钢丝绳锚杆的锚固段长度进行了分析，图 2.46 为锚固段长度分析简图，图 2.47 为锚固微段剪应力计算示意图。

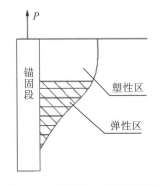

图 2.46　锚固段长度分析简图

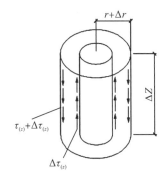

图 2.47　锚固微段剪应力计算示意图

注：r 为锚固半径；Δr 为锚固段影响范围；ΔZ 为沿锚固段竖向取的微段分析单元；$\tau_{(z)}$ 为锚固段表面剪应力分布函数；$\Delta\tau_{(z)}$ 为锚固段影响范围外侧表面剪应力分布函数

根据工程实际情况，按弹性力学轴对称问题，假设径向发生位移时横截面面积不变，可得

$$\frac{\mathrm{d}^2w}{\mathrm{d}Z^2} = \frac{2\pi r(1+\mu)(1-2\mu)}{EA(1-\mu)}\tau_{(Z)} \tag{2.21}$$

式中，w 为锚固段轴向位移函数；$\tau_{(Z)}$ 为锚固段表面剪应力分布函数；r 为锚固段半径；μ 为锚固段材料泊松比；E 为锚固段材料弹性模量；A 为锚固段截面面积。

求解式(2.21)可得受力区长度为

$$L = \frac{\ln(100c)}{\lambda} + \frac{P-P_{01}}{2\pi\xi\tau_s(r_0+a)} \tag{2.22}$$

式中，λ、c 分别为与介质的几何特征和与力学特征有关的参数；τ_s 为浆体材料极限抗剪强度；ξ 为由地质条件决定的折减系统；r_0 为锚索体半径；a 为注浆体厚度；P 为锚杆设计锚固力；P_{01} 为弹性区分摊的荷载。

根据大量的理论计算和室内外试验对有关锚固参数进行的计算分析(李念 等，2004)，钢丝绳锚杆的主要受力区长度在2m左右。因此，试验中在设计钢丝绳锚杆长度时，结合已有的研究成果，同时参考相关规定，将钢丝绳锚杆中长度确定为 2.3m，嵌入岩土体内锚杆长度为 2.0m，鸡心环弯折部分的长度为 0.3m。单根钢丝绳直径约为 16mm，钢丝绳锚杆的制作加工由布鲁克(成都)工程有限公司负责，钢丝绳锚杆外形如图 2.48 所示。

图 2.48　钢丝绳锚杆外形图

2.4.2　试验中锚杆的浇注

试验中，浇注了 10 根试验用锚杆，其中编号 $1^{\#}$～$4^{\#}$锚杆的孔径为 91mm，孔深约为 2.5m；$5^{\#}$～$8^{\#}$锚杆的孔径为 110mm，孔深约为 2.5m(锚杆孔位置如图 2.49 所示)。

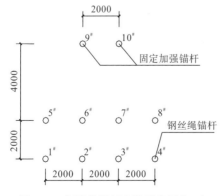

图 2.49　钢丝绳锚杆布置示意图(mm)
注：$1^{\#}$～$8^{\#}$为钢丝绳锚杆，$9^{\#}$、$10^{\#}$为固定加强锚杆

图 2.50　锚杆成孔位置处的立方体探坑

为了试验的需要, 浇注了 $9^\#$、$10^\#$ 共 2 根固定锚杆 (图 2.49)。为了防止固定用锚杆发生破坏, 在锚杆位置采用水泥砂浆浇注 $0.5m \times 0.5m \times 0.5m$ 的立方体试块, 增强锚杆抵抗外荷载的能力。浇注前锚杆成孔位置处的立方体探坑如图 2.50 所示。此外, 在现场安装钢丝绳锚杆时, 先灌注水泥砂浆, 而后将钢丝绳锚杆垂直插入到孔中, 锚杆上部用较粗的铁丝穿过外露环套, 铁丝的两端搁置在锚杆孔周围的岩土体上, 保证锚杆的外露环套不高于孔口处的地平面。钻孔、浇灌砂浆及安装钢丝绳锚杆现场照片如图 2.51 ~ 图 2.53 所示。

现场对钻孔位置的地质情况进行了勘探, 在 0 ~ 0.3m 处为回填土, 杂色、松散; 0.3 ~ 1.5m 处为中风化砂岩, 1.5 ~ 2.5m 处为中风化页岩。现场钻取的岩石样本如图 2.54 所示。

图 2.51 现场钻孔照片

图 2.52 现场浇灌砂浆照片

图 2.53 现场安装钢丝绳锚杆照片

图 2.54 钻孔处取出的岩土样本照片

2.4.3 试验中浇注用砂浆材料的性能检测

试验中浇注用的水泥砂浆中水泥强度标号为 32.5MPa, 细骨料采用河砂, 细度模数为 2.7, 含泥量为 1.5%。配合比如表 2.6 所示。现场浇注了锚杆用砂浆砌块, 砌块截面尺寸为 $70.7mm \times 70.7mm \times 70.7mm$, 同一批次、同一强度的砂浆试块浇注了 9 个 (图 2.55), 砂浆按照标准养护程序进行了养护, 在实验室进行了砌筑砂浆立方体抗压强度试验, 试验参考《建筑砂浆基本性能试验方法标准》(JGJ/T 70—2009)进行。试验中连续均匀地加载, 加载速度控制在每秒 1.5kN 左右, 当试件接近破坏而开始迅速变形时, 停止调整试验机油门, 直至试件破坏, 然后记录破坏荷载(试验用仪器及试验情况如图 2.56、图 2.57 所示)。砂浆立方体抗压强度应按下式计算:

$$f_{m,cu} = \frac{N_u}{A} \tag{2.23}$$

式中，$f_{m,cu}$ 为砂浆立方体试件的抗压强度(MPa)；N_u 为试件的破坏荷载(N)；A 为试件的承压面积(mm^2)。

表 2.6　试验用砂浆配合比

	水泥	细骨料	水
用量/(kg/m³)	835	835	360
质量比	1.00	1.00	0.43

图 2.55　试验中浇注的砂浆　　图 2.56　试验采用的 20kN　　图 2.57　试块受压发生破坏
标准砌块　　　　　　　　压力试验机

表 2.7 给出了浇注锚杆时制作的立方体试块的抗压强度试验值和推定强度值，浇注锚杆用砂浆的推定强度为 40.3MPa，满足设计值 40MPa 的要求。

表 2.7　浇注锚杆用砂浆的抗压强度试验值和推定强度值　　　　　(单位：MPa)

	1	2	3	4	5	6	7	8	9
抗压强度	33.8	32.3	33.4	33.8	29.7	28.8	32.1	27.5	27.3
推定强度					40.3				

注：以 9 个试件测值的算术平均值的 1.3 倍作为该组试件砂浆立方体试件抗压强度平均值。

2.4.4　试验中锚杆加载方案的设计

为了研究钢丝绳锚杆随不同方位拉拔力作用下的力学性能，本书设计了钢丝绳锚杆在轴向拉拔力作用下的试验方案和钢丝绳锚杆在斜向拉拔力作用下的试验加载方案。

1. 钢丝绳锚杆在轴向拉拔力作用下的试验方案

当试验中考虑钢丝绳锚杆轴向拉拔力时，采用吊车施加荷载作用(图 2.58)，吊车钓钩与钢丝绳连接，钢丝绳与 D 形卸扣连接，D 形卸扣与力传感器连接，力传感器通过 D 形卸扣与钢丝绳锚杆进行连接(图 2.59)。为了方便串接传感器，试验中加工两个连接接头，与传感器两端连接(图 2.60)，接头连接处通过计算校核，满足 300kN 的轴向荷载作用而不发生破坏。

图 2.58 试验中采用的吊车

图 2.59 吊车钓钩与钢丝绳锚杆的连接图

图 2.60 吊车钓钩与钢丝绳锚杆间串连力传感器

2. 钢丝绳锚杆在斜向拉拔力作用下的试验方案

当试验中考虑钢丝绳锚杆的斜向拉拔力作用时,采用两个手动葫芦施加斜向荷载作用。两个手动葫芦的一端与 9# 、10# 两个固定加强锚杆进行连接,另一端与钢丝绳进行连接。钢丝绳穿过吊车下部的钓钩,与力传感器一端上的 D 形卸扣进行连接,传感器上的另一端与另一个 D 形卸扣进行连接,最后 D 形卸扣与待测试的钢丝绳锚杆进行连接。试验中,为了满足荷载作用的角度要求,可以通过调节吊车下部钓钩的高度,结合对手动葫芦的调节作用,保证试验中所需要的角度,采用角度测量仪器测量钢丝绳倾斜角度,试验现场安装照片如图 2.61～图 2.64 所示。

图 2.61 手动葫芦与固定加强锚杆连接图

图 2.62 传感器与锚杆连接示意图

图 2.63 吊车吊起钢丝绳以调节角度

图 2.64 采用角度测试装置测试吊起钢丝绳倾斜角度

2.4.5　试验步骤

1. 试验的加载设备

在轴向拉拔力试验中，试验用加载设备为吊车，吊车载重为 25t，考虑到试验安全，轴向施加的最大荷载为 24t。在斜向拉拔力试验中，试验用加载设备为手动葫芦，两个葫芦的最大量程为 100kN，考虑到试验安全，两个葫芦施加的总荷载为 150kN。

2. 位移和荷载的测量方法

为了控制试验中每步施加荷载的大小，将力传感器(图 2.65)与数显仪(图 2.66)进行连接，通过读取数显仪上的数值来确定施加的荷载大小。试验用力传感器的最大测量范围为 0~25t。此外，试验中采用钢卷尺测量锚杆的位移。对于轴向受到荷载作用的锚杆，锚杆的位移是指锚杆轴向发生的位移；对于斜向受到荷载作用的锚杆，锚杆的位移是指锚杆斜向发生位移的水平投影，即锚杆水平方向的位移；荷载与钢丝绳锚杆之间的角度指荷载施加方向与水平方向之间的夹角。

　　　　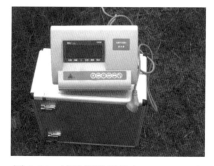

图 2.65　试验用力传感器(CZLYB-1)　　　　图 2.66　试验用数显仪(AMPV-WB1)

3. 试验加载方案

采用分级加载的方案进行加载，开始时每级加载 10kN，当荷载超过 50kN 以后，每级加载 20kN。当荷载施加到预定荷载值后，持荷 2min 之后继续施加荷载。

2.4.6　试验现象及结果分析

1. 轴向荷载作用下锚杆的试验现象

从 4# 、8# 锚杆的试验现象中可以看出：当荷载施加到 240kN 时，钢丝绳锚杆周围岩土体没有发生破坏，锚杆在轴向荷载作用下发生的位移较小。同时，4# 锚杆弯折处嵌入鸡心环部位的钢丝发生了断裂破坏(图 2.67)，而 8# 锚杆中也存在两根钢丝发生断裂的现象。从试验现象可以看出，当锚杆在受到轴向荷载作用情况下，虽然锚杆外露环套弯折处嵌入鸡心环缓解了钢丝绳发生断裂破坏的可能，但当锚固岩层满足一定的承载力要求时，钢丝绳锚杆外露环套弯折处钢丝最先发生破坏，影响了锚杆力学性能的发挥。

此外，图 2.68 给出了锚杆在轴向荷载作用下的荷载-位移曲线，从图中可以看出：在相同的荷载作用下，8#锚杆的位移小于 4#锚杆；在相同的位移情况下，8#锚杆承受的竖向荷载大于 4#锚杆。

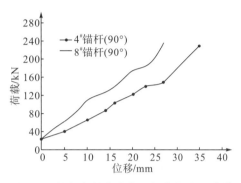

图 2.67　4#锚杆轴向荷载作用下的试验现象　　　　图 2.68　锚杆在轴向荷载下的荷载-位移曲线

2. 斜向荷载作用下锚杆的试验现象

为了方便对比锚杆在受到斜向荷载作用前后的形态，本书给出了锚杆在未受到荷载作用的情况下，锚杆周围岩土体未破坏前的照片(图 2.69)。另外，图 2.70～图 2.72 分别给出了锚杆孔直径为 90mm 时，3#、2#、1#锚杆分别受到 18°、30°、45°拉拔力作用时的试验照片。从中可以看出：当 3#锚杆在斜向 18°荷载作用情况下，周围岩土体由于水平荷载的剪切破坏作用，局部位置出现了裂缝，同时钢丝绳锚杆与锚杆孔周围的砂浆之间由于挤压作用，局部发生破坏(见图中白色椭圆形圈内)；当 2#锚杆在受到斜向 30°荷载作用时，周围岩土体由于水平荷载的剪切破坏作用，局部出现了裂缝，相比 1#锚杆周围岩土体的破坏情况而言，裂缝相对较少，同时钢丝绳锚杆与锚杆孔周围的砂浆由于挤压作用，导致局部锚孔部位砂浆砌块发生了破坏(见图中白色椭圆形圈内)；当 1#锚杆在受到斜向 45°荷载作用且荷载施加到 150kN 时，未发现周围岩土体出现破坏现象，但锚杆与锚孔周围的砂浆由于挤压作用，局部部位砂浆砌块发生了破裂。

图 2.69　锚杆在试验前的安装情况　　　　　图 2.70　3#锚杆在斜向荷载作用下的试验现象

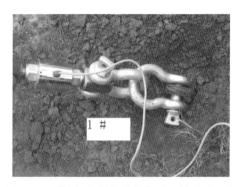

图 2.71 2#锚杆在斜向荷载作用下的试验现象　　　　图 2.72 1#锚杆在斜向荷载作用下的试验现象

图 2.73~图 2.75 为锚杆孔直径为 110mm 时，5#、6#、7#锚杆分别受到 18°、30°、45° 荷载拉拔力作用时的试验现象照片。从图中可以看出：当荷载施加到 150kN 时，未发现周围岩土体出现破坏现象，但锚杆与锚孔周围的砂浆由于挤压作用，局部部位锚孔砂浆发生了破损。

图 2.73 5#锚杆在斜向荷载作用下的试验现象　　　　图 2.74 6#锚杆在斜向荷载作用下的试验现象

图 2.75 7#锚杆在斜向荷载作用下的试验现象

综合上面各种情况下锚杆在斜向荷载作用下的试验现象可以看出：当锚杆孔直径为 110mm 时，在斜向荷载作用下锚杆周围岩土体未出现剪切破坏，而当锚杆孔直径为 90mm 且斜向荷载与水平夹角为 18°、30°时，锚杆周围岩土体出现了剪切裂缝，同时，随着夹角的逐渐增大，这种现象逐渐减弱。此外，在所有试验中，当荷载施加到 150kN 时，锚杆均没有发生破坏现象。

为了对比锚杆在不同方位拉拔力作用下的位移情况，本节绘制了 1#~3#、5#~7# 锚杆在斜向荷载作用下的荷载-位移曲线(图 2.76)，对曲线进行分析可得到两类现象。①当锚杆在开始受到荷载阶段，锚杆受到的荷载与水平夹角越小，锚杆的变形越大，这主要是由于锚杆外露环套部分在很小的荷载作用下就能发生弯曲变形，随着变形的逐渐增大，锚杆在水平方向的变形主要是由锚杆中的钢丝绳与约束钢丝绳的砂浆挤压周围岩土体引起的。②当斜向荷载施加到最大值 150kN 时：当荷载与水平方向夹角为 18°时，3# 锚杆的水平位移为 175mm，5# 锚杆的水平位移为 156mm；当荷载与水平方向夹角为 30°时，2# 锚杆的水平位移为 160mm，6# 锚杆的水平位移为 150mm；当荷载与水平方向夹角为 45°时，1# 锚杆的水平位移为 133mm，7# 锚杆的水平位移为 124mm。通过对比分析可以看出：在相同的荷载条件下，当锚杆孔直径增大时，锚杆水平方向的位移逐渐减小；当锚杆孔直径相同时，随着荷载与水平方向角度的增大，锚杆的水平位移逐渐减小。

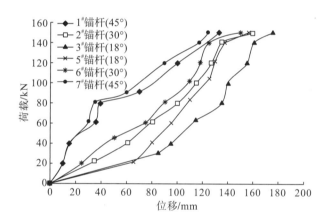

图 2.76　锚杆在斜向荷载作用下的荷载-位移曲线

3. 固定加强锚杆的破坏情况

在浇注过程中，9#、10# 锚杆孔上部浇注了立方体(图 2.77)，立方体试块可以分散上部周围岩土体受到的水平剪切荷载，因此限制了锚杆的水平位移，试验中未见周围岩土体的破坏情况。但是由于锚杆与立方体试块之间的挤压作用，立方体试块出现了局部破损现象，此外，9#、10# 钢丝绳锚杆鸡心环套与钢丝绳弯折处部分钢丝断裂(图 2.78)。

2.4.7　锚杆在不同方位荷载作用下的力学分析

钢丝绳锚杆在各种工作状态下的破坏形式与锚杆材料及结构形式、安装方式、荷载条件、锚杆成孔部位地质条件及浇注条件等相关。下面着重考察荷载作用方位及孔径对锚杆力学性能的影响，从两个方面进行分析。

图 2.77　固定加强锚杆 9#、10#在未受荷载　　　　图 2.78　10#锚杆在斜向荷载作用下的
作用时情况　　　　　　　　　　　　　　　　试验现象

1. 轴向荷载作用下锚杆的力学性能分析

根据地质勘探情况可以判断，岩体对于锚孔砂浆的单位黏结力大于砂浆对钢丝绳的单位握裹力，整个试验中不会发生岩体的破坏(雷用 等，2010)。钢丝绳锚杆的破坏主要取决于自身能承受的极限荷载或锚固段水泥砂浆对钢丝绳锚杆的极限握裹力。从锚杆轴向试验现象可知，其破坏由自身承载力不足引起，因此有：

$$F_{锚杆} < F_{握裹力} \qquad\qquad (2.24)$$

式中，$F_{锚杆}$ 为锚杆自身能承受的极限荷载；$F_{握裹力}$ 为锚固段水泥砂浆对钢丝绳锚杆的极限握裹力。

钢丝绳锚杆由单根 ϕ16mm 钢丝绳弯折而成，理想情况时，在轴向荷载作用下的破断力不低于 340kN。对于现场浇注的锚杆，在轴向荷载作用下锚杆的极限荷载由自身能够承受的极限荷载 $F_{锚杆}$ 确定。试验得到的钢丝绳锚杆自身能够承受的极限荷载：$F_{锚杆} = 240$ kN，仅为理想状态下的 70.5%。因此，当钢丝绳锚杆的抗拔力主要由其自身能够承受的极限荷载确定时，根据钢丝绳锚杆受到的外部荷载确定锚杆直径时，需要考虑锚杆外露环套弯折处的影响，对此处采取措施局部加强，可提高锚杆的整体性能。

2. 斜向荷载作用下锚杆的力学性能分析

在斜向荷载作用下，锚杆受到水平荷载 F_x 和轴向荷载 F_y 的作用。图 2.79 为钢丝绳锚杆受斜向荷载作用示意图。图中 H 为锚杆埋入岩层中的深度，D 为孔径，F 为作用在钢丝绳上的荷载。

对锚杆在斜向荷载作用下的试验现象进行分析，锚杆局部破坏主要与其受到的水平荷载 F_x 有关系，轴向荷载分量 F_y 对其破坏过程影响较小。锚杆的破坏首先从锚固段上部砂浆受到锚杆挤压破坏开始，由水泥砂浆的抗剪强度控制。之后随着荷载的逐步增大，锚固段水泥砂浆自顶向下逐步破坏。另外，水泥砂浆挤压孔壁岩体，砂浆接触面外围的岩土层局部剪切破坏，出现斜向裂缝。此时锚杆的力学性能受外部荷载施加到岩土层上的剪力和岩土层自身的抗剪能力控制。外部施加的剪力：

$$\tau_{外部} = \gamma F_x/A = 2\gamma F \cos\alpha/\pi dl \qquad\qquad (2.25)$$

式中，α 为斜向荷载与水平方向的夹角；d 为锚杆孔径；l 为水平荷载作用下锚杆孔上的范围；γ 为荷载分项系数。

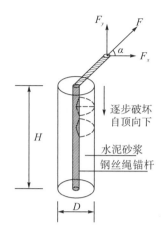

图 2.79　钢丝绳锚杆受斜向荷载作用示意图

为了降低岩土层的破坏，减少钢丝绳锚杆在水平荷载作用下的位移，必须满足：

$$\tau_{外部} < \tau \tag{2.26}$$

式中，τ 为锚杆成孔部位岩土层的抗剪强度。

因此，当成孔部位抗剪强度较低时，增大斜向荷载与水平方向的夹角或者增大锚杆孔径能够有效提高锚杆在斜向荷载作用下的性能。此外，也可以在成孔部位采用强度较高的水泥砂浆浇注立方体试块，分散周围岩土层受到的剪切荷载。

2.4.8　主动防护系统中钢丝绳锚杆的设计指导原则

从对不同孔径的钢丝绳锚杆随着不同方位拉拔力作用下的试验结果可以看出：在相同的荷载条件下(150kN)，当锚杆在轴向荷载作用下不发生破坏时，锚杆在斜向荷载作用下由于水平分力的作用，周围岩土体局部位置出现了裂缝，同时锚杆在荷载作用下发生了较大的位移。特别是 3# 锚杆在 18° 斜向荷载作用下，周围岩土体由于挤压出现了明显的斜向裂缝。此外，当锚杆受到轴向荷载作用，荷载达到一定值(240kN)时，锚杆外露环套弯折处钢丝发生了剪切破坏。对于固定点 9# 和 10# 锚杆，由于锚杆孔上部周围存在立方体砂浆砌块的围护作用，增大了锚杆在受到斜向荷载作用下的承载力，降低了周围岩土体的水平作用力，但此时锚杆外露环套弯折处钢丝有部分发生了破断现象。在主动防护系统中，系统的维护是一个需要重点关注的问题。当主动防护系统受到破坏时，尽可能地满足锚杆不发生破坏，这样可以降低系统维护时的工作量，同时节约成本。为此，根据前面的试验结果及分析，在设计锚杆时可以遵循如下原则。

①试验研究表明，钢丝绳锚杆的孔径对其在斜向荷载作用下的力学性能影响很大，而孔深达到一定范围后对锚杆的抗拔力性能影响逐渐减小。在主动防护系统中，上缘钢丝绳锚杆主要受到的是斜向荷载的作用，因此增大锚杆孔直径较增大锚杆孔的深度对于提高钢丝绳锚杆的作用更有效。

②当锚杆孔周围地质条件较差时，如成孔部位存在较深的黏土、回填土等，可以在成孔部位采用强度较高的水泥砂浆浇注立方体试块，分散周围岩土层受到的水平荷载，降低锚杆斜向荷载作用下的破坏程度，减少防护系统的维护工作量，降低防护系统的维护成本。

③在锚杆外露环套的设计中，应该尽可能地防止弯折部分的钢丝发生断裂破坏，以提高钢丝绳锚杆的整体性能。

第3章 被动防护系统防落石灾害的设计理论

被动防护系统，又称为被动防护网、拦石网或SNS（safety netting system），是一种典型的体现了"以柔克刚"的防护思路的落石防护系统（图3.1）。它的基本组成部分包括柔性金属网、钢柱和连接构件。在工程应用中，该系统往往还含有减压环或U形消能件等消能构件，这类构件的使用可以有效缓冲结构中钢丝绳上的落石冲击荷载，从而提高系统的防护能力。被动防护系统设立在落石潜在发生区域和受保护的设施与人员保护区域之间，通过阻断落石运动路径达到防落石灾害的目的。

图3.1　被动防护系统

图3.2给出了不同被动防护措施防护的能级范围，从图中可以看出，被动防护系统的防护能级覆盖面广，同时相比同类防护能级的防护系统，具有造价低、施工方便及环保等优点，得到了越来越广泛的应用。

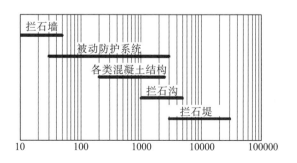

图3.2　不同被动防护措施防护的能级范围(kJ)

3.1 ROCCO 环形网的力学性能及耗能机理研究

被动防护系统中的核心部分是柔性金属网,柔性金属网是被动防护系统中拦截落石和耗散冲击能量的关键构件,网型包含 ROCCO 环形网、TECCO 网、SPIDER 网、QUAROX 网、钢丝绳网等多个种类。其中,ROCCO 环形网由多圈高强钢丝盘结而成,环链破断拉力较高,因此常被作为高能级被动防护系统中的拦截网使用。本节从工程实际需求出发,主要论述了 ROCCO 环形网的单个圆环的力学性能和整体结构形式及其优化,通过试验、数值分析等手段与理论解答对比论证,为 ROCCO 环形网的工程应用提供科学依据。

3.1.1 ROCCO 环形网耗能性能的理论、试验及数值分析

在实际工程中选取防护系统时,需要考虑系统在冲击荷载作用下的变形距离(Pelia et al., 1998;汪敏 等,2010)。为了满足系统对变形距离的要求,一种情况是采用限制变形距离的构造措施,如减小跨距,然而这种方法会降低系统的防护能级,同时增大支撑构件遭受撞击的可能性、增加系统的施工费用以及系统的维护费用;第二种情况是增设两层柔性金属网或者增加钢丝的盘结圈数,这种办法在一定程度上会浪费材料。为了满足系统变形距离的要求,提出了第三种方式,即通过改变环形网中单个 ROCCO 圆环的连接方式,提高环形网中单个 ROCCO 圆环吸收能量的能力,降低系统的变形距离。

结合目前工程实际情况,本书着重对两种不同组合形式的环形网中单个圆环的静力耗能性能进行了对比分析,同时基于 LS-DYNA 软件对环形网在落石冲击荷载作用下的性能进行了对比分析,供实际工程中选用环形网时作参考。研究的两类组合形式的环形网如图 3.3、图 3.4 所示。第一种组合形式的环形网是目前工程中常用的组合方式,环形网中单个圆环受到 4 个圆环的约束(图 3.3);第二种组合形式的环形网中单个圆环受到 6 个圆环的约束(图 3.4)。为了研究两种不同组合形式环形网的耗能性能,下面首先对组成环形网中单个圆环的力学性能进行研究。

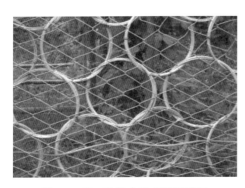

图 3.3 第一种组合形式的环形网

图 3.4 第二种组合形式的环形网

3.1.2　单个 ROCCO 圆环对径受拉荷载作用下力学性能的研究

在被动防护系统中，环形网由 ROCCO 圆环组成，在分析环形网的耗能性能前，了解 ROCCO 圆环的力学特性是前提条件。下面首先对 ROCCO 圆环的力学特性进行试验研究。

试验中对 ROCCO 圆环的一端施加荷载作用，另一端固定。为了防止圆环发生剪切破坏，试验中与圆环接触处夹具为 ϕ35 圆钢，试验设备如图 3.5 所示。ROCCO 圆环类型为 R7/3/300，即由直径为 3mm 的钢丝、盘结 7 圈，按网孔内切圆直径为 300mm 编织而成，编制过程中采用 3 个金属卡扣对盘结的钢丝进行约束(图 3.6)。在试验加载过程中，开始每级加载 2kN，当荷载增加到 20kN 后，每级加载 5kN，记录每一步荷载施加作用下圆环两端位移的变化情况，共进行了两次试验，试验过程中 ROCCO 圆环的变形情况如图 3.7 所示，所得到的荷载-位移曲线如图 3.8 所示。从试验现象中可以看出，圆环拉伸在开始时位移变化较大，而拉伸荷载变化较小；当位移达到一定值后，圆环的位移变化较小，而此时拉伸荷载变化较大。当 ROCCO 圆环发生破坏时完全卸载，卸载后圆环能够恢复一定的形变。试验中 ROCCO 圆环的变形特点大致可以分为三个阶段。第一阶段，圆环内轴力较小，在弯矩的作用下圆环发生大变形，并主要表现为圆环几何形态的明显改变；第二阶段，圆环内轴力急剧增加，弯矩急剧减少，在弯矩和轴力的共同作用下圆环发生较小的变形；第三阶段，弯矩逐渐消失，圆环在轴力作用下发生塑性流动，圆环变形很小，直到约束钢丝的卡扣发生破坏即停止加载。

图 3.5　试验用加载设备

图 3.6　试验用圆环(R/3/7/300)

图 3.7　ROCCO 圆环在两点受拉荷载作用下的变形图

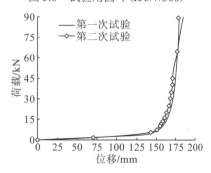

图 3.8　试验得到 ROCCO 圆环在两点受拉作用下的荷载-位移曲线

对于圆环对径受拉荷载作用下力学性能的研究，前人已经做了不少工作。余同希 (1979)在分析对径受拉圆环的塑性大变形时，利用圆环在弯矩和轴力联合作用下的屈服法则：$|m| + n^2 = 1$（其中，$m = M/M_0$，$n = N/N_0$，M_0 为截面的塑性极限弯矩，N_0 为截面的塑性极限轴力），推导出半径为 R、厚度为 t（$t \ll R$）的矩形截面的理想刚塑性圆环的力和位移关系式的近似解方程。基于同样的推导方法，可推导出半径为 R、截面半径为 r（$r \ll R$）的圆的理想刚塑性圆环的力与位移关系式的近似解方程如下：

$$\frac{P}{2}R(1 - \sin\theta) = 2M_p \tag{3.1}$$

$$\delta = 2R(\cos\theta + \theta - 1) \tag{3.2}$$

$$M_p = \frac{4}{3}\sigma r^3 \tag{3.3}$$

式中，P 为对径受拉荷载；R 为圆环的半径；θ 为角度变量；δ 为拉力作用下的位移；M_p 为圆环的塑性极限弯矩；σ 为圆环截面屈服应力；r 为圆环截面半径。

联立式(3.1)、式(3.3)可得

$$\frac{P}{r^3} = \frac{16\sigma}{3R(1 - \sin\theta)} \tag{3.4}$$

对于 ROCCO 圆环，假定 ROCCO 圆环盘结了 n 圈，单圈圆环的受力为 P，则 ROCCO 圆环总的受力为 nP，将其代入式(3.4)，可得

$$\frac{nP}{r_1^3} = \frac{16\sigma}{3R(1 - \sin\theta)} \tag{3.5}$$

式中，r_1 为 ROCCO 圆环的等效截面半径。

参照单个普通圆环在对径受拉荷载作用下的力与位移曲线(余同希 等，2006)可知，单个普通圆环在拉伸荷载作用下的 P-δ 曲线与由钢丝盘结而成 ROCCO 圆环在拉伸荷载作用下的 P-δ 曲线较一致，为保证 ROCCO 圆环在拉伸荷载作用下的 P-δ 曲线保持不变，联立式(3.4)、式(3.5)可得如下等式：

$$\frac{P}{r^3} = \frac{nP}{r_1^3} \tag{3.6}$$

由此计算得出 ROCCO 圆环等效截面的计算公式：

$$r_1 = n^{\frac{1}{3}} \cdot r \tag{3.7}$$

为了验证上述理论的正确性，采用理论、数值方法与试验结果进行比对分析。理论分析中，通过联立式(3.1)、式(3.2)和式(3.3)可以得到圆环在对径受拉荷载作用下的荷载-位移曲线。下面主要讨论采用数值分析的方法计算得到圆环在对径受拉荷载作用下的荷载-位移曲线。

数值分析中，首先需要了解 ROCCO 钢丝的力学特性，为此，在中国人民解放军陆军勤务学院力学试验中心对 ROCCO 钢丝的力学性能进行了研究，试验选用甘肃天水红山厂生产的 BKWE-20 试验机进行试验，试验过程中安装引伸计，测试钢丝的弹性模量(图 3.9～图 3.11)。试验中测得的钢丝荷载-变形曲线如图 3.12 所示。参考 Castro-Fresno (2000) 和

Del Coz 和 García 等(2010)对 ROCCO 钢丝的测试结果,同时结合试验结果,确定 ROCCO 钢丝的本构关系模型如下:钢丝的弹性模量为 196906MPa,应力(MPa)与应变之间的对应关系为:0.00-0.00;1101.328-0.0056;1482.037-0.0093;1794.777-0.0139;1826.427-0.0300。钢丝的工程应力-应变关系如图 3.13 所示。

图 3.9　试验加载设备

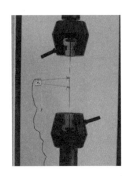

图 3.10　钢丝上安装引伸计

图 3.11　钢丝破断的情况

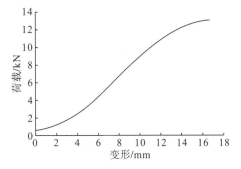

图 3.12　试验中得到了钢丝荷载-变形曲线

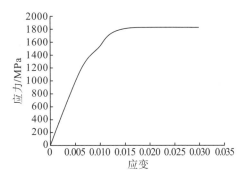

图 3.13　钢丝工程应力-应变关系曲线

数值分析中采用 ANSYS 结构静力分析模块对 ROCCO 圆环在对径受拉作用下的力学性能进行模拟。ROCCO 圆环的拉伸问题涉及几何非线性及材料非线性两个方面,因此选取 Beam188 单元来模拟圆环。Beam188 单元适合分析从细长到中等粗短的梁结构,该单元基于 Timoshenko 梁结构理论,并考虑了剪切变形的影响。所用的 Beam188 是三维线性(2 节点)梁单元。每个节点有 6 个或者 7 个自由度。自由度的个数取决于 KEYOPT(1)的值。当 KEYOPT(1)=0(缺省)时,每个节点有 6 个自由度。主要包含节点坐标系的 x、y、z 方向的平动和绕 x、y、z 轴的转动。该单元能承受拉、压、弯、扭,适用于计算应力硬化及大变形问题,具有较好数据定义功能和可视化特性。图 3.14 给出了该单元的几何示意图,该单元需要定义另外一个关键点,确定单元截面的几何方位。图 3.14 中的 I、J 节点为单元节点,K 为关键点,①~⑤为单元积分方向。

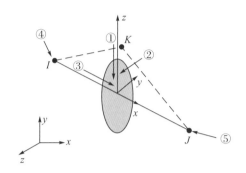

图 3.14 Beam188 单元几何示意图

数值分析中，钢丝的材料模型选用多线性的各向同性(multilinear isotropic，MISO)模型。由于 ROCCO 圆环在变形过程中涉及塑性大变形的问题，因此材料模型必须基于真实的应力-应变关系曲线进行计算。通过式(3.8)、式(3.9)换算得出材料的真实应力-应变关系曲线：

$$\sigma' = \sigma(1+\varepsilon) \tag{3.8}$$

$$\varepsilon' = \ln(1+\varepsilon) \tag{3.9}$$

式中，σ 为钢丝的工程应力；ε 为钢丝的工程应变；σ' 为钢丝的真实应力；ε' 为钢丝的真实应变。

数值分析中建立圆环在对径受拉计算模型时，将圆环的一端固定，另外一端施加荷载作用，考虑大变形效应和应力刚化效应。位移施加时，对圆环的四个边界点固定其转动自由度。为了考虑圆环在弯矩作用下的大变形效应以及计算精度的要求，需要对圆环进行细化，数值分析中圆环截面内沿圆环截面直径划分 2 个单元，沿圆环截面圆周划分 5 个单元，圆环截面划分形式如图 3.15 所示。同时沿圆环周长等分成 500 个单元，建立的分析模型及约束施加情况如图 3.16 所示。

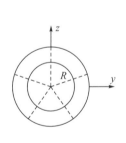

图 3.15 圆环截面单元划分示意图

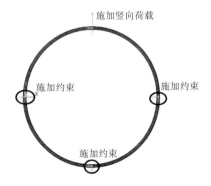

图 3.16 模型建立及约束施加

图 3.17 给出了理论、数值计算与试验得到的 ROCCO 圆环在对径受拉荷载作用下的荷载-位移曲线。从图中可知：采用等效截面半径进行理论和数值分析，圆环在对径受拉荷载作用下的荷载-位移曲线与试验结果吻合较好，数值计算和理论分析得出的圆环最大

位移和最大荷载约低于试验结果。误差产生的主要原因是在荷载施加后期，金属卡扣对钢丝的约束能力减弱，钢丝之间的相互错动增大了 ROCCO 圆环试验测试得到的最大荷载和位移。

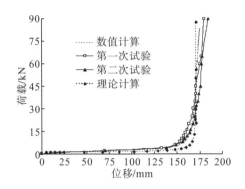

图 3.17　理论、数值计算与试验得到的 ROCCO 圆环荷载-位移曲线

3.1.3　单个 ROCCO 圆环耗能性能的试验、数值和理论分析

对于如图 3.3、图 3.4 所示的环形网连接形式，在受到落石冲击的过程中，可以认为：在第一种组合形式的环形网中(试验 1)，单个圆环由于受到周围 4 个圆环的拉伸荷载作用，近似地变成矩形(如图 3.18 所示，图中虚线部分为圆环受拉伸后的变形图)；在第二种组合形式的环形网中(试验 2)，单个圆环由于受到周围 6 个圆环的拉伸荷载作用，近似地形成正六边形(如图 3.19 所示，图中虚线部分为圆环受拉伸后的变形图)。因此，基于上述假定，对单个圆环在四点受拉和六点受拉荷载作用下的力学性能进行了分析。

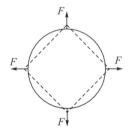

图 3.18　第一种组合形式的环形网中单个
ROCCO 圆环的变形图

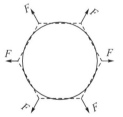

图 3.19　第二种组合形式的环形网中单个
ROCCO 圆环的变形图

为了采用数值分析方法模拟 ROCCO 圆环在多点受拉荷载作用下力学性能，首先必须要了解 ROCCO 圆环在多点受拉荷载作用下的变形特点规律。为此，本书设计了单个 ROCCO 圆环在四点受拉荷载作用下的试验方案(图 3.20)。试验中，将 ROCCO 圆环放在一块正方形混凝土板的正中心位置上，混凝土板长度和宽度均为 2500mm，四周 4 个角点有 4 个短柱支撑，短柱高度约为 1000mm，试验中采用两个手动葫芦和两个张线器分别与 ROCCO 圆环连接，保证一个手动葫芦与一个张紧器在混凝土板的对角线上(图 3.21)。手

动葫芦上串连传感器，测试葫芦上施加的荷载。试验中，采用两个手动葫芦和两个张紧器同时施加荷载作用，同时查看圆环距离中心点的位置，随时调整施加荷载的大小和方式，保证圆环始终位于中心点位置附近（如图 3.22 所示，用粉笔画出的十字中心点位置）。试验中采用钢卷尺测试 ROCCO 圆环顺混凝土板对角线方向上位移的变化大小。在试验加载过程中，开始每级加载 2kN，当荷载增加到 20kN 后，每级加载 5kN，记录每一次荷载施加以后的位移值，由于张线器的最大量程为 50kN，因此当荷载施加到 50kN 时为确保安全停止加载，停止施加荷载后圆环恢复了一部分的形变。试验用 ROCCO 圆环为 R3/7/300，共进行了两次试验，得到的荷载-位移曲线如图 3.23 所示。从图 3.23 中可以看出，当 ROCCO 圆环在四点受拉荷载作用时，变形过程大致可以分为两个阶段：第一个阶段，圆环在四点拉伸的过程中圆环主要发生弯曲变形，此时圆环能承受的荷载很小，圆环在受到很小的荷载时即发生较大的位移；第二个阶段，圆环弯曲变形结束后，圆环主要发生拉伸变形，此时圆环的位移变化很小，而荷载增加很快。

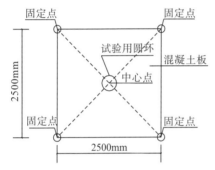

图 3.20 单个 ROCCO 圆环在四点受拉荷载作用下的试验方案示意图

图 3.21 试验中采用的设备及安装图

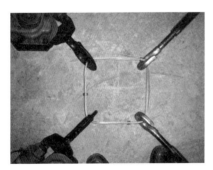

图 3.22 单个 ROCCO 圆环在四点受拉荷载作用下的变形图

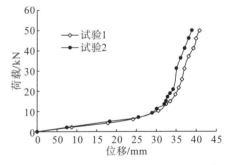

图 3.23 试验得到的 ROCCO 圆环在四点荷载作用下的荷载-位移曲线

数值分析中采用等效截面半径考虑 ROCCO 圆环中钢丝盘绕的作用。图 3.24 中将试验和数值计算得到的圆环在四点受拉荷载作用下的荷载-位移曲线绘制在一起。从图中可以看出：当荷载为 0~50kN 时，数值计算结果与试验结果吻合较好，但数值计算得到的圆环位移较试验结果偏小，这主要是在试验过程中圆环内部钢丝之间相互错动造成的。此外，数值计算得到了 ROCCO 圆环在整个拉伸过程中完整的荷载-位移曲线。

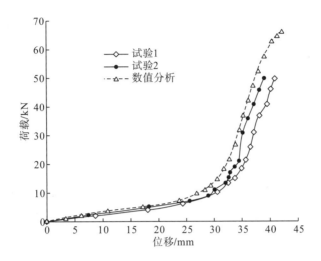

图 3.24　试验和数值计算得到的圆环在四点受拉荷载作用下的荷载-位移曲线

　　下面主要通过数值分析的方法讨论单个 ROCCO 圆环在四点受拉和六点受拉荷载作用下的耗能性能。图 3.25 和图 3.26 中给出了数值计算得到的盘结 7 圈的 ROCCO 圆环在四点受拉和六点受拉荷载作用下的轴应力分布云图，从图中可以看出，当 ROCCO 圆环在四点受拉和六点受拉作用下，其受力点应力均最先达到破坏值。

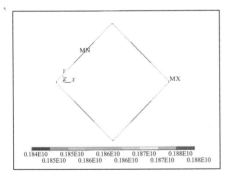

图 3.25　ROCCO 圆环在四点受拉荷载作用下的轴应力分布云图(7 圈)

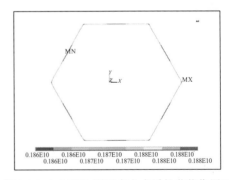

图 3.26　ROCCO 圆环在六点受拉荷载作用下的轴应力分布云图(7 圈)

　　图 3.27、图 3.28 分别给出了 R3/5/300、R3/7/300、R3/9/300 三类 ROCCO 圆环在四点受拉和六点受拉荷载作用下的荷载位移曲线(荷载是指施加在圆环单点上力的大小，位移是指两对角线径向位移的变化值)。从图中可以看出：当圆环盘结圈数增加时，圆环在轴向荷载作用下的位移也逐渐增大。

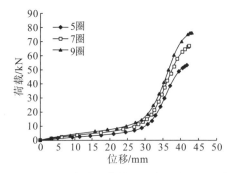

图 3.27　不同盘结圈数的圆环在四点受拉荷载
作用下的荷载-位移曲线

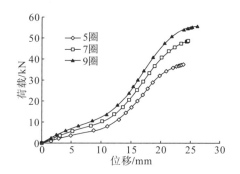

图 3.28　不同盘结圈数的圆环在六点受拉荷载
作用下的荷载-位移曲线

为了得到单个 ROCCO 圆环在静力荷载作用下吸收的能量，根据荷载-位移曲线计算即可得出，计算公式如下：

$$W = \int_0^s F(d) \cdot \mathrm{d}\delta = \sum_i^n F_i \cdot \Delta d \tag{3.10}$$

式中，d 为与拉伸荷载 F_i 相对应的位移；W 为圆环吸收的能量。

表 3.1 中给出了不同盘结圈数的 ROCCO 圆环在四点和六点受拉荷载作用下吸收的能量和对角线径向位移。从表中可以看出：在盘结圈数相同的情况下，六点受拉荷载作用下的单个 ROCCO 圆环吸收的能量较四点受拉荷载作用下的大；在荷载相同的情况下，随着盘结圈数的增大，圆环径向位移逐渐增大。在 ROCCO 圆环盘结 5 圈、7 圈和 9 圈情况下，六点受拉荷载作用下单个 ROCCO 圆环吸收的能量分别为四点受拉荷载作用下的 1.095 倍、1.148 倍和 1.206 倍。可见，随着 ROCCO 圆环盘结圈数的增大，采用第二种组合形式的环形网(图 3.4、图 3.19)更能发挥单个圆环的耗能性能。

表 3.1　不同盘结的 ROCCO 圆环在不同荷载作用条件下吸收能量

类别	圈数/圈	吸收能量/kJ	径向位移/mm
	5	0.95	41.600
四点受拉	7	1.28	42.218
	9	1.60	49.930
	5	1.04	23.856
六点受拉	7	1.47	24.667
	9	1.93	26.139

为了研究两种不同组合形式的环形网中单个圆环的耗能性能，下面基于图 3.18、图 3.19 的相关假定，对单个 ROCCO 圆环在四点受拉和六点受拉荷载作用下的耗能性能进行理论分析。

为了研究的方便，首先基于第一种组合形式的环形网中单个 ROCCO 圆环进行研究。在理论分析中，假设 ROCCO 圆环为刚塑性，圆环拉直成矩形框架的过程中可以取 1/4 圆环，分成两部分进行计算。第一步，将 1/4 圆环拉伸成直线；第二步，将直线拉伸成直角形。第一步将 1/4 圆环拉伸成直线时，1/4 圆环的曲率可以取为 $1/r$，而直线的曲率为 0，因此可得拉直 1/4 圆环耗散的能量 W^a 为

$$W^a = M_p \times \left(\frac{1}{r} - 0 \right) \times \frac{\pi}{2} r = \frac{1}{2} \pi M_p \tag{3.11}$$

其次，求将直线拉伸成直角形时需要做的功 W^b，此时：

$$W^b = M_p \times \left(\frac{\pi}{2} - 0 \right) = \frac{1}{2} \pi M_p \tag{3.12}$$

因此，将 1/4 圆环拉伸成直角形时，需要做的总功为 W_p^0：

$$W_p^0 = W^a + W^b = \pi M_p \tag{3.13}$$

将圆环拉伸成矩形时，需要做的总功 W_1 为

$$W_1 = 4 W_p^0 = 4 \pi M_p \tag{3.14}$$

式中，r 为圆环半径；M_p 为圆环截面极限塑性弯矩，由塑性结构力学知识可求得 $M_p = \frac{4}{3} \sigma \cdot r_1^3$；$\sigma$ 为圆环截面屈服应力；r_1 为圆环截面等效半径。在以上分析中，仅仅只考虑了 ROCCO 圆环在弯曲变形过程中吸收的能量，没有考虑圆环在拉伸变形过程中吸收的能量。

当圆环拉伸成矩形框架以后，圆环还可以依靠矩形框架的拉伸变形耗散能量。为了估计矩形框架在拉伸变形下的能量吸收能力，首先考虑在弯曲变形阶段所发生的拉伸应变，显然，在这个阶段严重的弯曲变形发生在塑性铰周围，将塑性铰的有效长度近似取为 $\lambda = n \cdot h$，其中 h 为弯曲元件的厚度，λ 为塑性铰的有效长度。由图 3.29 可知，在弯曲变形阶段，拐角处塑性铰总的转角为 $(\pi / 2)$，拐角处塑性铰段中性轴的最终曲率 $k = \frac{(\pi / 2)}{nh} = \frac{\pi}{2nh}$，此处 $h = 2 r_1$。注意到圆环最外层纤维的初始曲率为 $\frac{1}{r}$，发生在这一段上最外层纤维上的最大弯曲应变为 $\varepsilon_b = \left(k - \frac{1}{r} \right) \times \frac{h}{2}$。此时假定圆环的极限塑性应变为 ε_f，而矩形框架的塑性极限轴力为 $N_A = \sigma A_1$，因此，当任一塑性铰发生拉伸失效时，4 个塑性铰由于拉伸变形所耗散的总能量为

$$W_2 = 2 \pi r \sigma A_1 (\varepsilon_f - \varepsilon_b) \tag{3.15}$$

式中，A_1 为圆环等效截面面积，其余符号意义同前。

综合前面的理论推导过程，可以得出单个 ROCCO 圆环在四点受拉荷载作用下的耗能计算公式：

$$W^4 = W_1 + W_2 = 4 \pi M_p + 2 \pi r \sigma A_1 (\varepsilon_f - \varepsilon_b)$$
$$= \frac{16}{3} \sigma \cdot r_1^3 + 2 \pi r \sigma A_1 \left[\varepsilon_f - \left(\frac{\pi}{4 n r_1} - \frac{1}{r} \right) \times r_1 \right] \tag{3.16}$$

式中，n 为未知参数，其余符号含义同前。

以上对单个 ROCCO 圆环在四点受拉荷载作用下的耗能计算公式进行了研究，同理可采用相同的方法推导单个 ROCCO 圆环在六点受拉荷载作用下的耗能计算公式：

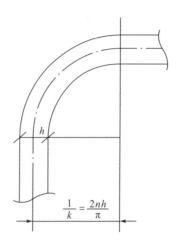

图 3.29　拐角处塑性铰区域形状

$$W^6 = W_1 + W_2 = 4\pi M_p + 2\pi r\sigma A_1(\varepsilon_f - \varepsilon_b)$$

$$= \frac{16}{3}\sigma \cdot r_1^3 + 2\pi r\sigma A_1\left[\varepsilon_f - \left(\frac{\pi}{6nr_1} - \frac{1}{r}\right) \times r_1\right] \tag{3.17}$$

从式 (3.16)、式 (3.17) 可以看出，对于四点受拉和六点受拉而言，ROCCO 圆环在弯曲变形阶段吸收的能量是一致的，只是在后期拉伸变形阶段存在不同。同时，在理论分析中涉及塑性铰长度的确定问题，根据余同希等 (2006) 的相关研究结果，同时结合本书数值计算结果，对于四点受拉荷载而言，取塑性铰长度 $\lambda = 17 \cdot h$，即 $n = 17$；对于六点受拉荷载而言，取塑性铰长度 $\lambda = 12 \cdot h$，即 $n = 12$。

为了验证理论分析的正确性，选取了 R3/5/300、R3/7/300、R3/9/300 三种不同盘绕圈数 ROCCO 圆环进行理论和数值分析。计算不同盘绕圈数 ROCCO 圆环的等效截面半径按照式 (3.7) 进行计算，理论分析中将 ROCCO 圆环的应力-应变关系简化成刚塑性模型，屈服强度为 1770MPa，极限塑性应变为 0.05，计算结果如表 3.2 所示。从表中可以看出，理论计算得到的 ROCCO 圆环在不同荷载条件下吸收的能量与数值分析结果吻合较好。

表 3.2　不同盘结的 ROCCO 圆环吸收能量的数值与理论计算结果对比

类别	圈数/圈	数值计算得到的吸收能量/kJ	理论计算得到的吸收能量/kJ
	5	0.95	1.05
四点受拉	7	1.28	1.42
	9	1.60	1.71
	5	1.04	1.23
六点受拉	7	1.47	1.64
	9	1.93	1.96

3.1.4 环形网受落石冲击作用模型的建立和数值分析方法的验证

在研究环形网受落石冲击作用时，环形网的约束方式及边界条件对其影响比较大 (Grassl et al.，2002)。由于本节的目的主要是考虑组合形式对环形网耗能性能的影响，为了简化分析，不考虑约束条件的影响(关于约束条件对环形网耗能性能的影响将在 3.1.6 节中进行分析)，建立的两种不同组合形式的环形网计算模型如图 3.30、图 3.31 所示。同时在数值分析中，为了验证数值分析的合理性和正确性，在建立第一种组合形式的环形网计算模型几何尺寸及环形网的布置情况时，参考了 Grassl 等(2002)的相关试验模型，建立的第一种组合形式的环形网计算模型与其试验模型尺寸一致。该试验模型中环形网的尺寸为 3.9m×3.9m，环形网中共有 180 个 ROCCO 圆环(图 3.32)，试验模型中环形网与钢结构框架四周固定连接。在数值分析中，选取了两组工况：第一组工况中落石的初始动能为 24kJ；第二组工况中落石的初始动能为 45kJ。环形网中 ROCCO 圆环为 R7/3/300，落石质量为 820kg，形状为球体。

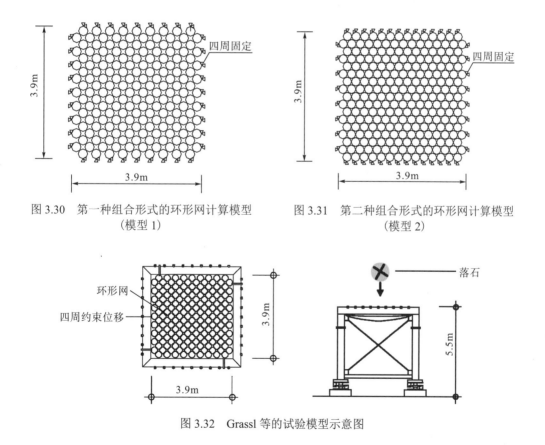

图 3.30　第一种组合形式的环形网计算模型　　图 3.31　第二种组合形式的环形网计算模型
（模型 1）　　　　　　　　　　　　　　　（模型 2）

图 3.32　Grassl 等的试验模型示意图

为了对比两种组合形式的环形网在落石冲击作用下的耗能性能，采用相等的材料组成 3.9m×3.9m 的网，由于圆环相互连接造成的尺寸缩减，在组成相同网块规格的环形网时，模型 1 中共含有 180 个 ROCCO 圆环, 模型 2 中共含有 246 个 ROCCO 圆环。当采用相等的材料制作相同规格的环形网时, 模型 2 中 ROCCO 圆环的盘结圈数与模型 1 的关系如下:

$$N_2 = \frac{180 \times N_1}{246} \qquad (3.18)$$

式中, N_1 为模型 1 中单个 ROCCO 圆环的盘结圈数; N_2 为模型 2 中单个 ROCCO 圆环的盘结圈数。因此, 当第一种组合形式的环形网中单个 ROCCO 圆环的盘结圈数为 7 圈时, 对于模型 2, 采用的网型则为 R5/3/300。

根据前面对单个 ROCCO 圆环耗能性能的研究结果(表 3.1), 通过对比分析可以看出: 当钢丝绕 7 圈, 六点受拉荷载作用下圆环的耗能性能是四点受拉作用下的 115%, 圆环径向位移是四点受拉作用下的 58.4%。由此可知, 第二种环形网的连接方式能够提高单个 ROCCO 圆环吸收能量的能力, 充分发挥其耗能性能。但当采用相同的材料制作相同规格的环形网时, 由于圆环连接方式带来的尺寸缩减, 四点受拉荷载作用下模型 1 中单个 ROCCO 圆环吸收的能量是模型 2 的 141%。

数值分析中选用单元: 对落石的模拟选用 Solid164 单元, 该单元是一个八节点, 被用于模拟三维实体的显式结构单元, 节点在 x、y、z 方向具有平移、速度和加速度的自由度, 节点的几何特征如图 3.33 所示; 对环形网中 ROCCO 圆环选 Beam161 单元进行模拟, Beam161 单元用 3 个节点定义, I 和 J 确定梁的轴向, K 确定横截面的主轴方位。Beam161 有多种算法, 本书选用 Hughes-Liu 算法, 在数值分析中, 单元横截面积分规则 Int.rule-arbitry.sectiong 取默认值, 选择梁单元跨中的一组积分点来模拟圆形截面, 单元的几何特性如图 3.34 所示。

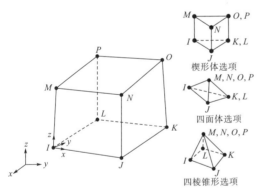

图 3.33 Solid164 单元几何尺寸示意图

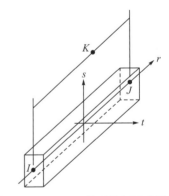

图 3.34 Beam161 单元几何尺寸示意图

在建立数值分析模型时, 将圆环与圆环之间的连接简化为圆环与圆环之间的共节点连接, 圆环之间不发生相互的滑动。数值分析中采用的材料模型为: 对落石采用刚性体模型; 对环形网采用塑性随动模型, 该模型可以考虑单元失效及破坏效果。根据图 3.13 中给出的 ROCCO 钢丝的工程应力应变关系曲线, 本书在动力有限元分析中将钢丝的应力应变关系进行了简化处理, 不考虑钢丝塑性应变阶段的影响, 钢丝的各项性能指标如表 3.3 所示。

表 3.3　材料力学性能参数指标

材料类型	弹性模量/MPa	密度/(kg/m³)	屈服强度/MPa	泊松比	极限应变
钢丝	1770E5	7850	1770	0.3	0.05
落石	3.0E7	2600	—	0.3	—

　　碰撞过程材料应变变化速率较大，这将对弹塑性材料的硬化行为产生较大影响，采用 Cowper-Symonds 模型来考虑材料的塑性应变效应，计算中采用的材料本构关系如表 3.3 所示，计算时采用与应变率有关的因数表示屈服应力：

$$\sigma_y = \left[1 + \left(\frac{\dot{\varepsilon}}{C}\right)^{\frac{1}{P}}\right](\sigma_0 + \beta E_p \varepsilon_p^{\text{eff}}) \tag{3.19}$$

式中，σ_y 为考虑应变率影响的屈服应力；σ_0 为初始屈服应力；$\dot{\varepsilon}$、$\varepsilon_p^{\text{eff}}$ 为应变率和有效塑性应变；E_p 为塑性硬化模量；C、β 为 Cowper-Symonds 应变率参数，对于钢材可分别取 $C = 40$，$\beta = 5$。

　　当采用 LS-DYNA 软件对落石冲击环形网进行模拟时，都可以视为一般的接触碰撞问题，其基本方程可以表述为(谢素超 等，2010；王勖成和邵敏，1997)：

$$\int \left(\delta\varepsilon_{ij} D_{ijkl} \varepsilon_{kl} + \delta u_i \rho u_{i,u} + \delta u_i \mu u_{i,t}\right)\mathrm{d}V = \int \delta u_i f_i \mathrm{d}V + \int \delta u_i \overline{T_i} \mathrm{d}s \tag{3.20}$$

式中，ε_{ij}、ε_{kl} 为单元应变；D_{ijkl} 为弹性系数；ρ 为质量密度；μ 为阻尼系数；u_i 为 i 方向的位移；$u_{i,u}$ 和 $u_{i,t}$ 分别是 u_i 对 t 的二次导数和一次导数，即分别表示 i 方向的加速度和速度；f_i 为体积力；$\overline{T_i}$ 为面力。

　　对式(3.20)进行空间有限元离散，最终可以得到系统的求解方程为

$$M \ddot{x}(t) = P - F - C\dot{x}(t) \tag{3.21}$$

　　式(3.21)就是采用拉格朗日增量描述的显式动力有限元分析程序 LS-DYNA3D 的系统求解方程。式中，M 为总体质量矩阵；$\ddot{x}(t)$、$\dot{x}(t)$ 分别为整体节点加速度向量和速度向量；P 为整体载荷向量；F 为整体等效节点力向量；C 为阻尼矩阵。

　　采用中心差分法对式(3.21)进行时间积分，其算法是：

$$\begin{cases} \ddot{x}(t_n) = M^{-1}\left[P(t_n) - F(t_n) - C\dot{x}\left(t_{n-\frac{1}{2}}\right)\right] \\ \dot{x}\left(t_{n+\frac{1}{2}}\right) = \frac{1}{2}(\Delta t_{n-1} + \Delta t_n)\ddot{x}(t_n) \\ x(t_{n+1}) = x(t_n) + \Delta t_n \dot{x}\left(t_{n+\frac{1}{2}}\right) \end{cases} \tag{3.22}$$

式中，

$$\begin{cases} t_{n-\frac{1}{2}} = \dfrac{1}{2}(t_n + t_{n-1}) \\[2mm] t_{n+\frac{1}{2}} = \dfrac{1}{2}(t_{n+1} + t_n) \end{cases} \tag{3.23}$$

并且,

$$\begin{cases} \Delta t_{n-1} = (t_n - t_{n-1}) \\[1mm] \Delta t_n = (t_{n+1} - t_n) \end{cases} \tag{3.24}$$

式中, $\ddot{x}(t_n)$、$\dot{x}\left(t_{n+\frac{1}{2}}\right)$、$x(t_{n+1})$ 分别是 t_n 时刻的节点加速度向量、$t_{n+\frac{1}{2}}$ 时刻的节点速度向量和 t_{n+1} 时刻的节点坐标向; $P(t_n)$ 为 t_n 时刻的整体载荷向量; $F(t_n)$ 为 t_n 时刻的单元应力场的整体等效节点力向量。

图 3.35 中给出了采用 LS-DYNA 软件计算得到的第一种组合形式的环形网在落石冲击作用下,落石下降到最低点、速度变为 0m/s 时刻的变形图。从图中可以看出,与落石直接接触的 ROCCO 圆环均变形成了矩形(见俯视图中圆圈范围)。表 3.4 给出了数值分析和试验得到的两种工况情况下落石的最大加速度、最大位移以及落石冲击作用在环形网上的时间。从中可以看出,在 Grassl 等(2002)的研究中,试验结果与数值计算得到的结果吻合较好,说明建立的数值分析模型是符合实际情况的。

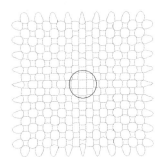

立面图　　　　　　　　　　　　俯视图(图中圆圈范围为落石与环形网接触部位)

图 3.35　第一种组合形式的环形网在落石冲击到最低点时的变形图(45kJ)

表 3.4　模型 1 数值计算结果与试验结果的对比

项目	初始动能/kJ	Grassl 等的试验	数值计算	误差/%
最大加速度/(m·s⁻²)	24	175	198.7	13.5
	45	310	379.2	22.3
最大位移/m	24	1.20	1.07	10.8
	45	1.50	1.156	22.7
冲击作用时间/s	24	0.190	0.167	12.1
	45	0.150	0.133	11.3

注: 冲击作用时间指落石与环形网开始接触到速度为 0m/s 所经历的时间; 最大位移是指落石接触环形网到下降到最低点时的位移。

3.1.5　两种不同组合形式的环形网在落石冲击下的耗能性能对比分析

在对比分析两种组合形式的环形网在落石冲击作用下的耗能性能时,主要关心的是环形网在落石冲击作用下的变形距离和最大吸收能量两个方面的影响。因此,下面主要从这两个方面开展研究。

由于在模型 1、模型 2 中,影响环形网耗能的因素主要是落石与环形网的接触面积以及落石冲击环形网的位置,为了考虑落石与环形网接触面积对环形网耗能性能的影响,在环形网受落石冲击的模拟中,不失一般性地选取了 0.4m、0.6m、0.8m、1.0m 和 1.2m 五种不同直径的落石冲击环形网。同时,为了考虑落石冲击作用位置对环形网耗能性能的影响,选择了 A、B、C 三点作为落石的冲击作用点,其中 A 点为环形网跨中位置(图 3.36)。

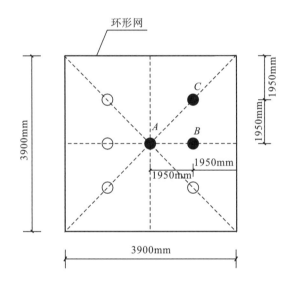

图 3.36　落石冲击环形网的位置(黑色圆圈为冲击作用点,空白圆圈为对称位置)

为了分析组成形式对环形网变形距离的影响,当取模型 1、模型 2 的落石初始动能为 45kJ、质量为 820kg 时,通过简单的数学计算,即可得到的落石初始速度如表 3.5 所示。

表 3.6 给出了两种组合形式的环形网在相同初始动能(45kJ)、不同直径落石冲击作用于 A、B、C 三个不同位置时,环形网的变形距离与落石直径之间的关系。从中可以看出:在冲击作用点 A 处,对于两种组合方式的环形网(模型 1、模型 2),在落石冲击荷载作用下的最大变形距离是随着落石直径的增大而逐渐减小的;在冲击作用点 B、C 处,对于两种组合方式的环形网,在落石冲击荷载作用下的最大变形距离是随着落石直径的增大而逐渐增大;在冲击作用点 A、B、C 三处,相比模型 1,在消耗相同材料的情况下,模型 2 能够有效降低系统的变形距离。

表 3.5　相同动能作用下(45kJ)不同直径落石的初始速度

落石直径/m	落石初始速度/(m/s)
0.4	32.15
0.6	17.50
0.8	11.36
1.0	8.13
1.2	6.19

表 3.6　环形网在相同动能(45kJ)的落石冲击不同位置时的变形距离　　　　　(单位：m)

落石直径	冲击作用位置 A 点		冲击作用位置 B 点		冲击作用位置 C 点	
	模型 1	模型 2	模型 1	模型 2	模型 1	模型 2
0.4	1.179	0.947	1.066	0.739	1.010	0.445
0.6	1.168	0.935	1.108	0.791	1.038	0.754
0.8	1.159	0.925	1.110	0.802	1.041	0.764
1.0	1.145	0.920	1.149	0.805	1.096	0.769
1.2	1.138	0.910	1.336	0.818	1.330	0.784

　　为了比较两种不同组合形式的环形网在落石冲击作用下的最大吸收能量,必须要考虑落石冲击环形网时极限速度的确定问题。由于在数值分析中主要采用渐近法来确定落石冲击环形网时的极限速度,因此这里涉及采用渐近法时速度的间隔距离的确定问题(Cazzani et al.,2002)。

　　假设落石速度 V_{lim} 为环形网受冲击作用时的极限速度,V_0 为数值分析中采用渐近方法得到的极限速度,两者之间的速度存在一定的偏差,即

$$V_{lim} - V_0 = \Delta V \tag{3.25}$$

此时得到的落石能量偏差计算公式如下：

$$T_{lim} - T_0 = \frac{1}{2}mV_{lim}^2 - \frac{1}{2}mV_0^2 = \Delta T \tag{3.26}$$

因此,通过式(3.26)可以求得数值分析与真实值之间能量的误差：

$$W = \frac{\Delta T}{T_{lim}} = \frac{\frac{1}{2}mV_{lim}^2 - \frac{1}{2}mV_0^2}{\frac{1}{2}mV_{lim}^2} \tag{3.27}$$

将式(3.25)代入(3.27),经过推导可以得出

$$W = 1 - \left(\frac{V_0}{V_0 + \Delta V}\right)^2 \tag{3.28}$$

　　为了保证数值分析得到的环形网吸收的最大能量与真实值之间的偏差在工程容许的25%以内,令 $W \leqslant 25\%$,代入式(3.28)：

$$1 - \left(\frac{V_0}{V_0 + \Delta V}\right)^2 \leqslant 25\% \tag{3.29}$$

将误差 $\Delta V = 1\text{m}/\text{s}$ 代入式(3.29)可得

$$V_0^2 - 6V_0 - 3 \geqslant 0 \tag{3.30}$$

为了保证数值分析中采用渐近法得到的环形网吸收的最大能量较真实值的偏差在 25%以内,同时在一定程度上减少计算工作量,数值分析采用渐近法计算,当取落石的速度间隔为 $\Delta V = 1\text{m}/\text{s}$ 时,通过求解式(3.30)可以得到落石的初始冲击速度 $V_0 \geqslant 6.5\text{m}/\text{s}$,即要保证精确度在 25%以内,当取落石的速度间隔为 $\Delta V = 1\text{m}/\text{s}$ 时,还必须满足落石的初始冲击荷载 $V_0 \geqslant 6.5\text{m}/\text{s}$,才能达到预定的要求。此外,在采用 LS-DYNA 计算落石撞击环形网时,必须满足一个约定,即当落石冲击环形网时,网中任一构件发生破坏,则认为环形网发生了破坏。

下面采用 $\Delta V = 1\text{m}/\text{s}$ 的渐近法,计算得到环形网在受到落石冲击不同位置时的最大速度,结果如表 3.7 所示。从表中可以看出:当落石冲击位置为 C 点、直径为 1.2m 时,数值计算得到的落石速度最小,但其能够满足 $V_0 \geqslant 6.5\text{m}/\text{s}$ 的要求,因此采用 $\Delta V = 1\text{m}/\text{s}$ 的渐近法,利用数值分析得到环形网的最大速度,然后求解得到的环形网的最大吸收能量较真实值偏差在 25%以内,满足工程要求。

表 3.7　不同直径落石冲击环形网不同位置时得到的最大速度　　　　　(单位:m/s)

落石直径 /m	冲击作用位置 A 点		冲击作用位置 B 点		冲击作用位置 C 点	
	模型 1	模型 2	模型 1	模型 2	模型 1	模型 2
0.4	38	36	44	40	39	36
0.6	22	20	30	26	22	22
0.8	15	16	17	18	16	18
1.0	11	13	11	14	10	13
1.2	9	10	8	12	7	11

表 3.8 中给出了模型 1、模型 2 在不同直径落石冲击作用于环形网的 A、B、C 三个不同位置时,环形网的最大吸收能量与落石直径之间的相互关系。从中可以看出:对于模型 1 而言,在冲击作用点 A 处,环形网吸收的最大能量随着落石直径的增大逐渐增大,而在冲击作用点 B、C 处,环形网吸收的最大能量随着落石直径的增大先增大而后逐渐减小;对于模型 2 而言,在冲击作用点 A、B、C 三处,环形网吸收的能量均随着落石直径的增大而逐渐增大;比较模型 1、模型 2 在 A、B、C 三处吸收的最大能量可以看出,在冲击作用点和落石直径相同的情况下,当落石直径为 0.4～0.6m 时,模型 1 吸收的能量较模型 2 偏大,而当落石直径为 0.8～1.2m 时,模型 2 吸收的能量比模型 1 大。这主要是由落石与环形网之间的接触面积不同而引起的。对于模型 1、2,在落石冲击作用下的破坏均是由与落石接触处圆环的破坏引起的。因此,环形网的耗能能力与接触面积内含有的 ROCCO 圆环耗能能力之间有一定的关系。由于模型 2 中单个 ROCCO 圆环耗能能力低于模型 1,因此,当接触面积较小时,模型 2 的耗能能力低于模型 1。当截面面积达到一定的值以后,

接触处模型 2 中的圆环总体耗能能力超过模型 1, 此时模型 2 的耗能能力将高于模型 1。因此当实际工程中需要考虑系统极限耗能能力时, 可以根据落石特征选择经济合理的环形网结构形式, 从而节约工程材料。

表 3.8　环形网在不同直径的落石冲击不同位置时的最大吸收能量　（单位：kJ）

落石直径/m	冲击作用位置 A 点		冲击作用位置 B 点		冲击作用位置 C 点	
	模型 1	模型 2	模型 1	模型 2	模型 1	模型 2
0.4	62.9	56.4	84.3	69.7	66.2	56.4
0.6	71.1	58.8	132.4	99.3	71.1	71.1
0.8	78.4	89.2	100.7	112.9	89.2	112.9
1.0	82.3	115.0	82.3	133.3	68.0	115.0
1.2	95.2	117.6	75.2	169.3	57.6	142.2

3.1.6　约束条件对环性网耗能性能的影响分析

在落石冲击环形网的过程中, 环形网的约束条件对环形网耗能性能具有很重要的影响。为了研究约束条件对环形网耗能性能的影响, Grassl 等 (2002) 提出了如图 3.37 所示的试验模型, 在该模型中, 环形网悬挂在支撑绳上, 支撑绳的一端与固定基础连接。试验中考虑了支撑绳上连接减压环和不连接减压环时, 环形网在落石冲击作用下的力学性能。Grassl 等 (2002) 通过对被动防护系统的布置情况、构造措施等进行研究, 提出了如图 3.38 所示的柔性金属网受落石冲击作用的模型, 柔性金属网四周与支撑绳连接, 在 4 个角点与拉锚绳连接, 拉锚绳的另一端与固定点连接, 不发生位移。当需要考虑消能件的作用时, 在拉锚绳上连接消能件。由于在被动防护系统中, 荷载的传递方式主要是通过环形网传递给支撑绳、支撑绳传递给拉锚绳, 为此, 参考 Grassl 等 (2002) 提出的简化分析模型, 建立如图 3.39 所示的环形网计算模型, 模型中未考虑消能件对环形网耗能性能的影响 (关于消能件的耗能性能将在后文中进行研究)。

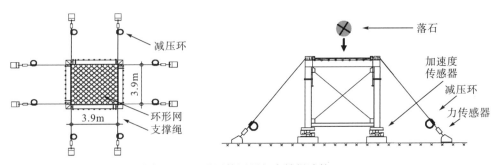

图 3.37　环形网的四周与支撑绳连接

模型中环形网的尺寸为 3.9m×3.9m, 环形网中单个 ROCCO 圆环为 R7/3/300, 单个圆环与 4 个圆环相连接，ROCCO 圆环的等效截面面积为 $A_1 = 26.4\text{mm}^2$，等效截面半径为 $r_1 = 2.9\text{mm}$。支撑绳为 $\phi18$ 单根钢丝绳，破断拉力为 204kN，等效截面面积为 $A_2 = 115.2\text{mm}^2$，等效截面半径为 $r_2 = 6.29\text{mm}$；四周拉锚绳为 $\phi22$ 单绳，破断力为 302.7kN，等效截面面积 $A_3 = 171.0\text{mm}^2$，等效截面半径 $r_3 = 7.38\text{mm}$。数值计算中，碰撞过程材料应变变化速率较大，这将对弹塑性材料的硬化行为产生较大影响，采用 Cowper-Symonds 模型来考虑材料的塑性应变效应。计算中材料的力学性能参数指标如表 3.9 所示。

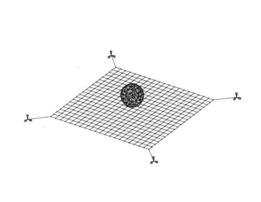

图 3.38 柔性金属网受落石冲击的计算模型

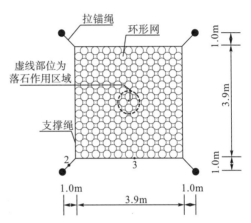

图 3.39 环形网受落石冲击作用的计算模型（模型 3）

表 3.9 材料力学性能参数指标

材料类型	弹性模量/MPa	密度/(kg/m³)	屈服强度/MPa	C	P	泊松比	极限应变
钢丝绳	1700E5	7850	1770	40	5	0.3	0.05
ROCCO 圆环	1770E5	7850	1770	40	5	0.3	0.05
落石	3.0E4	2600	—	—	—	0.3	—

在数值分析中，对落石选用 Solid164 单元模拟，对环形网选用 Beam161 单元模拟。数值分析中采用 Link160 单元来模拟钢丝绳(图 3.40)，Link160 单元通过两个节点 I 和 J 定义，另一个节点 K 为辅助节点，仅在定义单元截面的方位时使用，Link160 单元主要用来

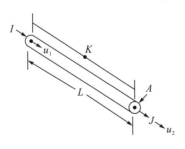

图 3.40 Link160 单元几何尺寸

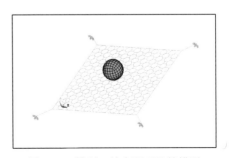

图 3.41 模型 3 的有限元计算模型

模拟均匀截面的等值杆单元，单元截面通过实参数定义。此外，该单元采用线性的形函数，因此单元中的应力为均匀分布，单元使用的材料模型为弹性、塑性随动强化、双线性各向同性等。

为了分析约束条件对环形网耗能性能的影响，下面采用数值分析的方法研究了落石冲击模型 3 中的环形网时，模型 3 中各个构件的荷载时程曲线。落石质量为 820kg，形状为球体，初始动能为 100kJ，初始速度为 15.62m/s，数值分析模型如图 3.41 所示。图 3.42 中给出了模型 3 中不同构件的荷载时程曲线(选取了模型中 1#、2#、3# 位置，如图 3.39 所示)，图 3.43 给出了模型 3 在落石冲击作用下的破坏形态。综合图 3.42 和图 3.43 可以看出：在模型 3 中，拉锚绳上受到的荷载最大，其次是支撑绳上受到的荷载，而环形网中圆环上的荷载最小。由于强度不足，拉锚绳最先发生破坏，严重影响了模型 3 的整体耗能能力。

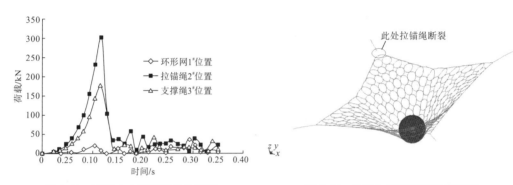

图 3.42　模型 3 中不同构件的荷载　　　　　图 3.43　模型 3 在落石冲击作用下
　　　　时程曲线　　　　　　　　　　　　　　　　的破坏形态

对于模型 3，在由支撑绳、拉锚绳、圆环构成的环形网中，若配置不当，可能出现三种情形：一是个别构件能力不足而降低环形网的整体功能；二是个别构件能力过强不能充分发挥导致材料浪费；三是在约束形式一定的情况下，构件之间的相互刚度比值的影响导致环形网中圆环没有能充分发挥耗散能量的能力而带来材料浪费。为了研究约束条件对环形网耗能性能的影响，数值分析中考虑两种变化情况下环形网的破坏形式和吸收的最大能量。第一种变化情况是在支撑绳不发生破坏的情况下，通过变换拉锚绳与圆环截面面积之间的比值，分析拉锚绳的刚度与圆环刚度之间的关系对模型 3 耗能性能的影响；第二种变化情况是在拉锚绳不发生破坏的情况下，通过变换支撑绳与圆环截面面积之间的比值，分析支撑绳的刚度与圆环刚度之间的关系对模型 3 耗能性能的影响。

为了考虑拉锚绳的刚度与圆环刚度之间的比值对模型 3 耗能性能的影响，在数值分析时需要保证支撑绳不发生破坏，因此，选择支撑绳的截面面积为环形网截面面积的 8 倍，即支撑绳截面面积 $A_2 = 211.2\text{mm}^2$。变换拉锚绳的截面面积，分别取拉锚绳的截面面积为圆环面积的 6 倍、8 倍、10 倍、12 倍和 14 倍。计算结果如表 3.10 所示。从表中可以看出：在支撑绳不发生破坏的情况下，随着拉锚绳的直径逐渐增大，环形网吸收的能量先增大而后逐渐减少，最后保持不变；当拉锚绳圆环等效截面面积比值为 8～12 时，模型 3 的破坏形态是由拉锚绳断裂引起，破坏形态如图 3.43 所示；当拉锚绳圆环等效截面面积比值为

14～18 时，模型 3 的破坏形态为环形网被穿透，破坏形态如图 3.44 所示。当拉锚绳圆环等效截面面积比值为 14 时，环形网吸收的能量最大。

表 3.10　拉锚绳与圆环等效截面面积比值与环形网最大吸收能量之间的关系

截面面积比值	最大吸收能量 / kJ	破坏形式
8	80.4	拉锚绳断裂
10	118.5	拉锚绳断裂
12	148.0	拉锚绳断裂
14	148.0	环形网被穿透
16	132.8	环形网被穿透
18	132.8	环形网被穿透

注：支撑绳的截面面积为 $A_2 = 211.2\text{mm}^2$。

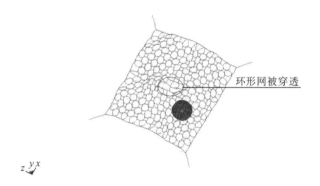

图 3.44　模型 3 中环形网被穿透发生破坏

为了考虑支撑绳的刚度与圆环刚度之间的比值对模型 3 耗能性能的影响，在数值分析时需要保证拉锚绳不发生破坏，因此，选择拉锚绳的截面面积为环形网截面面积的 14 倍，即拉锚绳截面面积 $A_3 = 369.6\text{mm}^2$。变换支撑绳的截面面积，分别取拉锚绳的截面面积为圆环面积的 2 倍、4 倍、6 倍、8 倍和 10 倍。计算结果如表 3.11 所示。

表 3.11　支撑绳与圆环等效截面面积比值与环形网最大吸收能量之间的关系

截面面积比值	最大吸收能量/kJ	破坏形式
2	80.4	支撑绳断裂
4	164.0	支撑绳断裂
6	236.2	支撑绳断裂
8	148.0	环形网被穿透
10	148.0	环形网被穿透
12	148.0	环形网被穿透

注：拉锚绳的截面面积为 $A_3 = 369.6\text{mm}^2$。

从表 3.11 可以看出：当拉锚绳不发生破坏的情况下，随着支撑绳的直径逐渐增大，环形网吸收的能量先增大而后逐渐减少，最后保持不变；当支撑绳与圆环等效截面面积比值为 2～6 时，模型 3 的破坏形态是由支撑绳断裂引起，破坏形态如图 3.45 所示；当支撑绳圆环等效截面面积比值为 8～12 时，模型 3 的破坏形态是由环形网的单个 ROCCO 圆环的破坏引起，破坏形态如图 3.44 所示。当支撑绳圆环等效截面面积比值为 6 时，环形网吸收的能量最大。

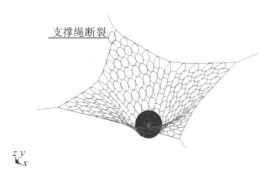

图 3.45   模型 3 中支撑绳发生断裂

综合上面的研究可以看出，当拉锚绳与圆环等效截面面积比值为 14、支撑绳与圆环等效截面面积比值为 6 时，模型 3 吸收的能量最大，为 236.2kJ。因此，只有当满足拉锚绳、支撑绳和环形网中单个 ROCCO 圆环的刚度在一定条件的情况下，环形网的耗能能力才能充分发挥。

3.2   TECCO 网力学性能的试验与数值模拟研究

TECCO 网是一种由表面坚硬的高强度钢丝无扭编织而成的金属格栅网，网孔为菱形。相比 ROCCO 环形网，TECCO 网的网孔尺寸更小，更有利于对体积较小的落石进行防护，并且无扭编织方式使其在受到外力作用时，能通过高强钢丝间的自适应调整来实现力的最优传递。TECCO 网一开始主要用于主动防护系统，如 GTC 主动防护系统[图 3.46(a)]，其抗蠕变性能较好，在保证防护需求的前提下，工程经济性更佳。由于 TECCO 网具有较强的变形能力和防护效果，工程人员后来又将其用于被动防护系统，如 GBE 系列被动防护系统[图 3.46(b)]，该类系统常用于高速公路和铁路边，替代隔离拦栅，具有拦截落石和隔离的双重功能。目前，TECCO 网已在工程中得到了越来越广泛的应用。笔者所在团队较早开展了 TECCO 网的研究，进行了 GBE-050 系统的野外落石拦截试验，以洞悉其系统内部传载规律和耗能机理，如图 3.47 所示。为了进一步了解 TECCO 网的力学性能，本节通过试验和数值模拟方法对 TECCO 的法向和斜向受力特性进行研究。

(a) GTC主动防护系统　　　　　　　　(b) GBE系列被动防护系统

图 3.46　TECCO 网在柔性防护系统中的应用

图 3.47　GBE-050 被动防护系统的现场落石试验

3.2.1　TECCO 网法向抗落石冲击试验

1. 试验设计

利用钢丝绳卡扣将布鲁克(成都)工程有限公司生产的规格为 2.5m×2.5m、高强钢丝直径为4mm、单个网孔内切圆直径为80mm 的 TECCO 网(常称为 T4/80 型 TECCO 网)的四条边中与网孔短轴方向平行的一对边连接于直径为 16mm 的支撑绳上。支撑绳两端均串联有推拉力传感器,并固定于试验大厅反力架上,沿 TECCO 网网孔短轴方向相邻反力架之间净距或支撑绳长度为 4.5m,沿 TECCO 网网孔长轴方向相邻反力架之间净距为 2.5m。推拉力传感器通过桥式传感器与泰斯特动态测试系统连接,高速摄像机固定于 TECCO 网正前方。试验布置图及连接方式分别如图 3.48 和图 3.49 所示,图中#1、#2、#3、#4 推拉力传感器的量程均为 200kN,额定输出分别为1.4828mV/V、1.4882mV/V、1.4884mV/V、1.4946mV/V。

落石形状千差万别,且具有突出棱角的落石对柔性金属网更容易造成明显的局部损伤,但若采取不规则的试块,一个最大的问题是难以控制落石与柔性金属网接触的部位,试验条件难以重复,且考虑到极度不规则的落石最终形成的冲击速度相对于规则落石要小,一般并不代表同一现场的最大落石动能,因此采用多面体块体或球体是合适的,如切角立方体、切角切棱立方体或圆球体。试验中采用预制混凝土块来模拟落石,混凝土块形状采用顶角处切去棱长 1/3 的十四面异形立方体设计,质量分别为

20kg、50kg。试验过程中采用实验室大厅吊车将落石吊起。为实现落石的自由脱落及远程操控，在吊车挂钩与落石之间安装自动脱钩装置。预制落石及自动脱钩装置如图 3.50 所示。在试验过程中，落石由自动脱钩装置释放后，以自由落体方式铅直冲击TECCCO 网的中心位置。试验中落石下落过程中不让其发生转动，只发生平动，主要原因在于：①在试验技术上为落石施加可控的转动角速度是非常困难的；②冲击作用过程中，转动角速度的速度矢量与接触面近于相切，易于因落石棱角嵌入网孔而迅速削减且数值上也比平动速度小很多，从而仅影响接触初期的局部荷载分布或引起荷载传递的短暂不对称性，对峰值荷载影响不大；③转动的存在也使落石在冲击初期会发生一定的滚动或爬行，从而遭受直接冲击的区域更大，这使得仅具有平动速度的落石冲击试验更趋于安全。

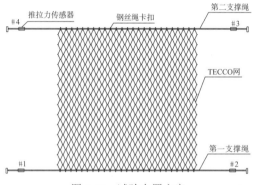

图 3.48　试验布置方案

图 3.49　TECCO 网法向抗落石冲击试验图

(a) 预制20kg和50kg的落石模型

(b) 自动脱钩装置及其远程控制系统

图 3.50　落石及其控制系统

　　利用高速摄像机记录落石下落、回弹过程及 TECCO 网法向变形过程，在拍摄过程中，在保证拍摄画面基本清晰的情况下，经过调试，高速摄像机采样频率最终设定为 239 帧/s。利用支撑绳两端布置的推拉力传感器和泰斯特动态测试系统 (TST6200) 记录落石冲击碰撞过程中支撑绳所承受的瞬时冲击力。为更好地开展 TECCO 网法向抗落石冲击试验，本书预先制定了不同落石以不同高度冲击 TECCO 网的试验工况表（表 3.12）。表中"T-2.5-20-1"表示 20kg 落石在 1m 高度处沿法向冲击规格为 2.5m×2.5m 的 TECCO 网。

表 3.12　TECCO 网法向抗落石冲击试验工况表

落石质量 / kg	试验工况	落石被吊起高度 / m	冲击位置
20	T-2.5-20-1	1	TECCO 网中心
	T-2.5-20-2	2	TECCO 网中心
	T-2.5-20-3	3	TECCO 网中心
50	T-2.5-50-1	1	TECCO 网中心
	T-2.5-50-2	2	TECCO 网中心
	T-2.5-50-3	3	TECCO 网中心

2.试验过程和测试结果

试验中，支撑绳两端均对称串联有推拉力传感器，试验中#1、#2、#3、#4 推拉力传感器的激励电压均为 10V，灵敏度分别设定为 0.07414mV/kN、0.07441mV/kN、0.07442mV/kN、0.07473mV/kN，动态测试系统的采样频率为 1kHz，高速摄像机的采样频率为 239 帧/s。根据高速摄像机记录的落石冲击碰撞过程，为节省篇幅，本节仅列出 HT-2.5-20-3 工况下和 T-2.5-50-3 工况下落石冲击 TECCO 网的过程，分别如图 3.51 和图 3.52 所示。本书仅列出不同试验工况下#3 推拉力传感器的测量结果，如图 3.53 所示。根据试验中#1、#2、#3、#4 推拉力传感器的测试结果，可得到不同试验工况下支撑绳所受的最大瞬时冲击力，如表 3.13 所示。从表 3.13 中的平均偏差和标准误差分析可知，测试结果是可靠的。

(a) 落石被吊起

(b) 落石下落

(c) 落石开始冲击TECCO网

(d) 落石达到最大下落位移

(e) 落石回弹

(f) 落石停留在TECCO网上

图 3.51　T-2.5-20-3 工况下落石法向冲击 TECCO 网

(a) 落石被吊起

(b) 落石下落

(c) 落石开始冲击TECCO网

(d) 落石达到最大下落位移

(e) 落石回弹

(f) 落石停留在TECCO网上

图 3.52　T-2.5-50-3 工况下落石法向冲击 TECCO 网

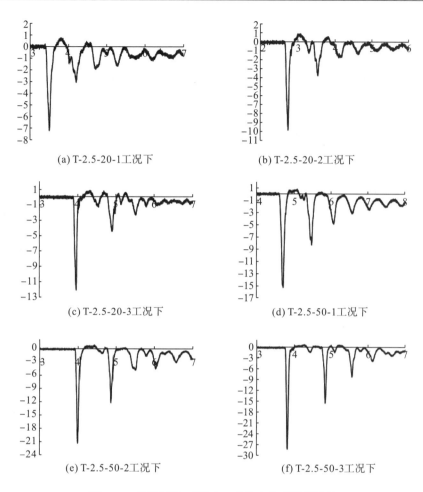

(a) T-2.5-20-1工况下　　　　　　　　(b) T-2.5-20-2工况下

(c) T-2.5-20-3工况下　　　　　　　　(d) T-2.5-50-1工况下

(e) T-2.5-50-2工况下　　　　　　　　(f) T-2.5-50-3工况下

图 3.53　各种试验工况下#3 推拉力传感器测量值

表 3.13　各种试验工况下推拉力传感器测量的最大瞬时冲击力

试验工况	#1/kN	#2/kN	#3/kN	#4/kN	平均值/kN	平均偏差	标准误差
T-2.5-20-1	7.86	7.53	7.21	7.2	7.45	0.245	0.313
T-2.5-20-2	10.28	10.12	9.93	9.82	10.04	0.163	0.204
T-2.5-20-3	12.18	12.10	12.12	12.23	12.66	0.483	0.560
T-2.5-50-1	16.10	15.95	15.43	15.47	15.74	0.288	0.338
T-2.5-50-2	21.24	21.16	21.39	22.03	21.46	0.290	0.395
T-2.5-50-3	27.4	27.68	28.26	28.80	28.04	0.495	0.623

3.2.2　TECCO 网法向抗落石冲击数值模拟

1. 有限元模型的建立

　　TECCO 网是由一种高强度、易拉伸、表面非常坚硬的高强钢丝无扭编织成的菱形高强钢丝网，结合试验情况和合理假设，建立起较符合实际的有限元模型。数值模拟的方法与 3.1.4 节相同，这里不再论述。

TECCO 网由具有规则几何形状的菱形网孔单元组成，可以借助 DO 循环命令，按照先点后线的步骤，建立 TECCO 网有限元几何模型。图 3.54 中，沿网孔短轴方向（x 方向）每个连接点处两侧各相邻的梁单元采用共节点连接，沿网孔长轴方向（z 方向）每个连接点处的相邻梁单元采用自由度耦合方式实现铰接连接，即 TECCO 网能够以 TECCO 网短轴为轴进行自由折叠，这与实际相符。由于试验中 TECCO 网与支撑绳通过钢丝绳卡扣连接，因此，在数值分析中可以通过自由度耦合（CP 命令）和施加约束方程（CE 命令）实现 TECCO 网与支撑绳的连接；支撑绳两端的边界条件设置为铰接。整个有限元模型共有 1515 个关键点、1524 条线、28581 个节点、14580 个单元，建立的有限元模型如图 3.55 所示。

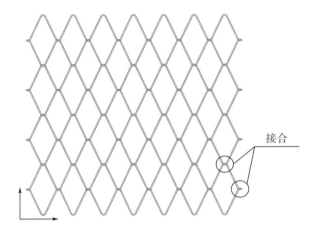

图 3.54　TECCO 网示意图

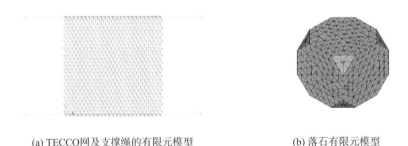

(a) TECCO网及支撑绳的有限元模型　　　　　　(b) 落石有限元模型

图 3.55　与试验对应的有限元模型

2. 有限元模型的验证

为节省计算时间，在建立模型时，令落石与 TECCO 网接触，初始时间为 0s，接触初速度根据试验中落石距 TECCO 网中心铅直高度计算得出，重力加速度取 9.8m/s^2，总计算时间为 0.5s。为了验证所建立数值模型的有效性，将数值计算结果和试验结果从以下三个方面进行对比分析：TECCO 网的变形特征、支撑绳所承受冲击力的时程曲线和支撑绳所承受的最大瞬时冲击力。

图 3.56 给出了 20kg、50kg 落石分别以不同高度冲击 TECCO 网并达到最大位移变形的数值模拟与试验对比图。从对比图可以看出：数值模拟与试验结果吻合较好，采用有限元数值模拟方法能够较好地模拟落石冲击 TECCO 网的动态过程。图 3.57 给出了不同工况下从落石接触 TECCO 网开始到第一次冲击结束这一阶段(不考虑落石第一次冲击回弹后的第二次冲击 TECCO 网)中支撑绳经试验测试(受拉为正)和数值计算得出的拉力时程曲线对比图，试验测试结果包括#1、#2、#3、#4 推拉力传感器测试的时程曲线。

(a) 数值模拟中T-2.5-20-1工况下TECCO
网达到最大位移

(b) 试验中T-2.5-20-1工况下TECCO
网达到最大位移

(c) 数值模拟中T-2.5-20-2工况下TECCO
网达到最大位移

(d) 试验中T-2.5-20-2工况下TECCO
网达到最大位移

(e) 数值模拟中T-2.5-20-3工况下TECCO
网达到最大位移

(f) 试验中T-2.5-20-3工况下TECCO
网达到最大位移

(g) 数值模拟中T-2.5-50-1工况下TECCO
网达到最大位移

(h) 试验中T-2.5-50-1工况下TECCO
网达到最大位移

(i) 数值模拟中T-2.5-50-2工况下TECCO
网达到最大位移

(j) 试验中T-2.5-50-2工况下TECCO
网达到最大位移

(l) 试验中T-2.5-50-3工况下TECCO
网达到最大位移

(k) 数值模拟中T-2.5-50-3工况下TECCO
网达到最大位移

图 3.56　数值模拟与试验对比情况

　　从图 3.57 中可以看出：试验测试和数值分析中的支撑绳拉力时程曲线上升阶段即从冲击接触到达峰值冲击荷载这一过程吻合很好，而这也是设计计算应关注的主要部分，它涉及 TECCO 网的承载能力，之后主要是网的震荡衰减和可能发生的二次冲击。

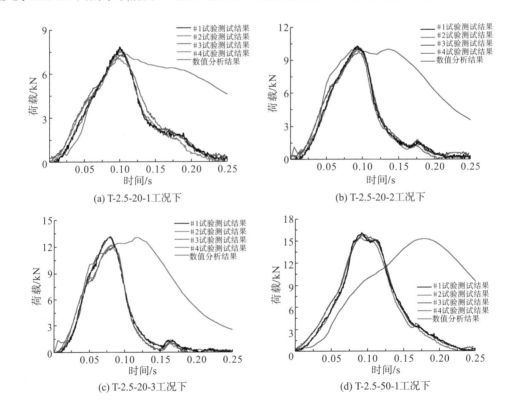

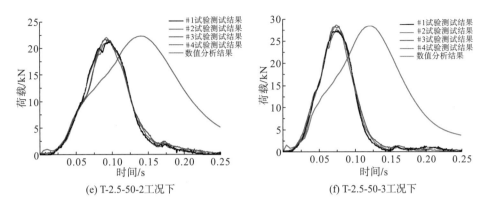

(e) T-2.5-50-2 工况下　　　　　　　　　　(f) T-2.5-50-3 工况下

图 3.57　不同工况下支撑绳所受拉力的时程曲线对比图

表 3.14 给出了不同工况下落石第一次冲击 TECCO 网过程中支撑绳所受的最大瞬时冲击力,表中的试验测试值取#1、#2、#3、#4 推拉力传感器测试得出最大瞬时冲击力的平均值(受拉为正),对比结果显示,数值模拟能够较准确地反映支撑绳在落石冲击过程中所受的最大冲击力。

表 3.14　不同工况下支撑绳所受最大瞬时冲击力对比表

试验工况	数值模拟/kN	试验测试/kN	相对误差/%
T-2.5-20-1	7.417	7.45	0.44
T-2.5-20-2	10.013	10.04	0.27
T-2.5-20-3	12.864	12.67	1.53
T-2.5-50-1	15.283	15.74	2.90
T-2.5-50-2	22.343	21.46	4.11
T-2.5-50-3	28.516	28.04	1.70

由于通过模型试验无法测试得到所需要的全部性能参数,因此在建立有效的 TECCO 网有限元模型的基础上,通过数值分析方法对 TECCO 网的抗落石冲击性能开展进一步的研究,对比分析了布鲁克(成都)工程有限公司生产的 T4/80 和 T3/65 两种类型 TECCO 网在不同边界约束条件下分别受 20kg、50kg 落石冲击作用下的法向变形能力和耗能性能,其中,T4/80 表示 TECCO 网中高强钢丝直径和菱形单元网孔直径分别为 4mm 和 80mm,T3/65 表示 TECCO 网中高强钢丝直径和菱形单元网孔直径分别为 3mm 和 65mm。数值分析中选取的边界约束条件包括 9 个。

边界条件 1:TECCO 网四边固支。

边界条件 2:平行于 TECCO 网网孔短轴方向的一对边固支。

边界条件 3:平行于 TECCO 网网孔长轴方向的一对边固支。

边界条件 4:TECCO 网四边铰支。

边界条件 5:平行于 TECCO 网网孔短轴方向的一对边铰支。

边界条件 6:平行于 TECCO 网网孔长轴方向的一对边铰支。

边界条件 7：TECCO 网四边悬挂有直径为 16mm 的支撑绳。

边界条件 8：平行于 TECCO 网网孔短轴方向的一对边悬挂有直径为 16mm 的支撑绳。

边界条件 9：平行于 TECCO 网网孔长轴方向的一对边悬挂有直径为 16mm 的支撑绳。

在上述边界条件 7～9 中，TECCO 网与支撑绳采用铰接连接，支撑绳两端的边界条件设置为铰接。

为分析不同边界约束条件下两种类型 TECCO 网的能量吸收和法向变形能力，需确定落石冲击 TECCO 网破坏时的最小冲击速度，即最小破坏速度或极限速度。本节在数值分析中采用渐近法来确定不同边界约束条件下两种类型 TECCO 网的最小破坏速度。

表 3.15 给出了落石冲击不同边界约束条件下 TECCO 网破坏时的最小破坏速度，从表中可以看出，在边界条件 9 作用下，TECCO 网能承受的落石最小破坏速度最大。

表 3.15　落石冲击 TECCO 网破坏时的最小冲击速度　　　　（单位：m/s）

约束条件	T3/65		T4/80	
	20kg	50kg	20kg	50kg
边界条件 1	22	14	33	15
边界条件 2	22	14	35	16
边界条件 3	37	21	51	30
边界条件 4	21	14	33	15
边界条件 5	22	15	34	16
边界条件 6	40	21	54	32
边界条件 7	27	16	35	21
边界条件 8	28	15	34	21
边界条件 9	40	23	55	32

图 3.58 给出了建立的不同边界条件约束下 TECCO 网的有限元模型及落石以最小破坏速度冲击作用下 TECCO 网的破坏情况；图 3.59 给出了不同边界约束条件下 TECCO 网受落石冲击破坏时的最小破坏动能；图 3.60 给出了不同边界约束条件下 TECCO 网受落石冲击破坏时产生的最大法向变形。从图中可以看出，在边界条件 1、边界条件 2、边界条件 4 和边界条件 5 的约束作用下，落石沿法向冲击 TECCO 网过程中最终因产生穿透现象而发生破坏，即出现“子弹效应”现象，表明在落石冲击作用下，TECCO 网在没有充分发挥分散传递冲击能的作用时就发生了破坏；在边界条件 3、边界条件 6 和边界条件 9 的约束作用下，落石沿法向冲击 TECCO 网时产生的法向变形较大，落石以最小冲击速度冲击，TECCO 网破坏均是由 TECCO 网中几个 BEAM 单元破坏引起，没有发生“子弹效应”；在边界条件 7 和边界条件 8 约束作用下，落石沿法向冲击 TECCO 网过程中，TECCO 网因支撑绳过载发生破坏，说明与边界条件 9 相比，边界条件 7 和边界条件 8 作用下 TECCO 网的变形及缓冲吸能作用较小，不能有效地减小落石冲击力。

(a) 边界条件1及在落石以最小破坏速度冲击时的破坏情况

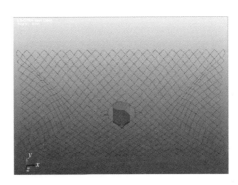

(b) 边界条件2及在落石以最小破坏速度冲击时的破坏情况

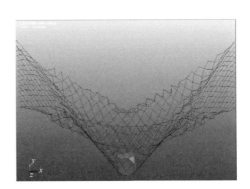

(c) 边界条件3及在落石以最小破坏速度冲击时的破坏情况

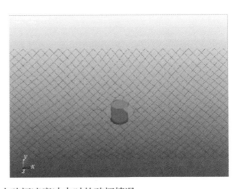

(d) 边界条件4及在落石以最小破坏速度冲击时的破坏情况

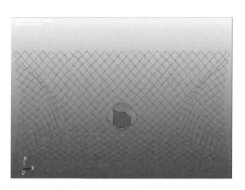

(e) 边界条件5及在落石以最小破坏速度冲击时的破坏情况

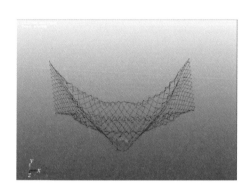

(f) 边界条件6及在落石以最小破坏速度冲击时的破坏情况

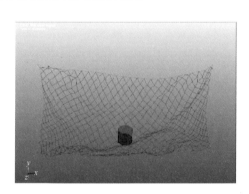

(g) 边界条件7及在落石以最小破坏速度冲击时的破坏情况

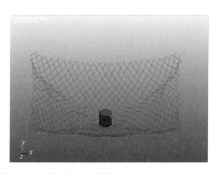

(h) 边界条件8及在落石以最小破坏速度冲击时的破坏情况

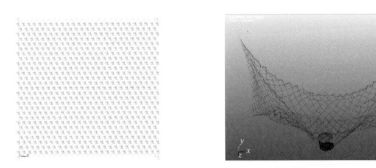

(i) 边界条件9及在落石以最小破坏速度冲击时的破坏情况

图 3.58　不同边界条件下的有限元模型及落石以最小破坏速度冲击时的破坏情况

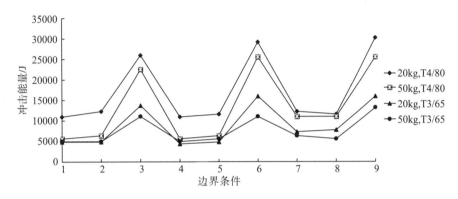

图 3.59　不同边界约束条件下 TECCO 网受落石冲击破坏时的最小破坏动能

从图 3.58、图 3.59 可以看出：①在边界条件 3、边界条件 6 和边界条件 9 的约束下，TECCO 网的变形能力和耗能性能最好，其次是边界条件 7 和边界条件 8，而边界条件 1、边界条件 2、边界条件 4 和边界条件 5 为最不利边界约束条件；②与 T3/65 型 TECCO 网相比，T4/80 型 TECCO 网的变形能力和耗能性能较好；③在相同边界约束条件下，不同类型 TECCO 网受不同落石冲击破坏时产生的最大法向变形相差较小，如图 3.60 所示。

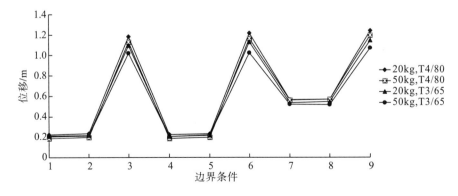

图 3.60　不同边界约束条件下 TECCO 网受落石冲击破坏时产生的最大法向变形

3.2.3　TECCO 网斜向抗落石冲击试验

1. 试验设计

利用钢丝绳卡扣将布鲁克(成都)工程有限公司生产的 T4/80 型 TECCO 网(规格：2.5m×2.5m)与网孔短轴方向平行的一对边分别连接于直径为 16mm 的第一支撑绳和第二支撑绳上，第一支撑绳两端固定于前排的反力架上，并串联有#1、#2 推拉力传感器；第二支撑绳两端固定于后排反力架上，高于第一支撑绳，串联有#3、#4 推拉力传感器。安装后测量得到 TECCO 网所在平面与水平面的夹角为 30°，沿 TECCO 网网孔长轴方向相邻反力架之间净距为 4.5m。#1、#2、#3、#4 推拉力传感器的量程、额定输出、动态测试系统及高速摄像机等与前述一致。试验布置方案及现场试验图如图 3.61 和图 3.62 所示。

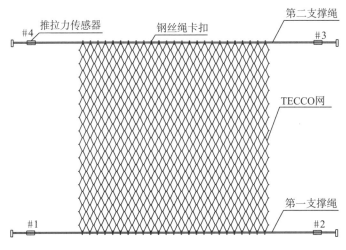

图 3.61　试验布置方案

图 3.62　TECCO 网斜向抗落石冲击试验现场

为更好地开展 TECCO 网斜向抗落石冲击试验，预先制定了不同落石以不同高度斜向冲击 TECCO 网的试验工况如表 3.16 所示。

表 3.16　TECCO 网斜向抗落石冲击试验工况表

落石质量/kg	试验工况	落石被吊起高度/m	冲击位置
20	XT-2.5-20-2	2	TECCO 网中心
	XT-2.5-20-3	3	TECCO 网中心
50	XT-2.5-50-2	2	TECCO 网中心
	XT-2.5-50-3	3	TECCO 网中心

2. 试验过程和测试结果

试验过程中，落石的冲击位置为 TECCO 网的中心位置。利用高速摄像机记录落石下落、回弹及 TECCO 网法向变形过程，经调试后高速摄像机采样频率仍设定为 239 帧/s。为节省篇幅，仅列出 XT-2.5-20-3 工况下和 XT-2.5-50-3 工况下高速摄像机记录的落石斜向冲击 TECCO 网的过程，分别如图 3.63 和图 3.64 所示。

(a) 落石被吊起

(b) 落石下落

(c) 落石开始冲击TECCO网

(d) TECCO网达到最大变形

(e) 落石回弹

(f) 落石被TECCO网弹出

图 3.63　XT-2.5-20-3 工况下落石斜向冲击 TECCO 网

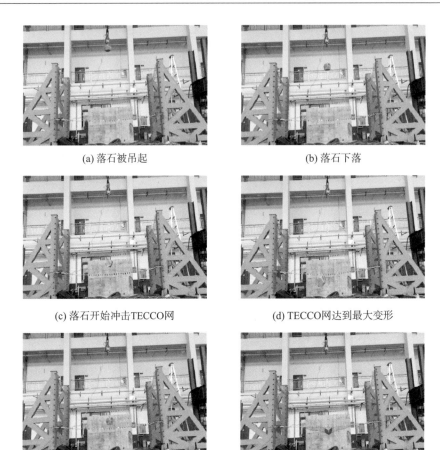

(a) 落石被吊起   (b) 落石下落

(c) 落石开始冲击TECCO网   (d) TECCO网达到最大变形

(e) 落石回弹   (f) 落石被TECCO网弹出

图 3.64　XT-2.5-50-3 工况下落石斜向冲击 TECCO 网

利用支撑绳两端布置的推拉力传感器和泰斯特动态测试系统(TST6200)记录落石冲击碰撞过程中第一支撑绳和第二支撑绳所承受的瞬时冲击力。试验中#1、#2、#3、#4 推拉力传感器的激励电压均为 10V，灵敏度分别设定为 0.07414mV/kN、0.07441mV/kN、0.07442mV/kN、0.07473mV/kN，动态测试系统的采样频率为 1kHz。本书仅列出不同试验工况下第一支撑绳上的#2 和第二支撑绳上的#4 推拉力传感器的测量结果，分别如图 3.65 和图 3.66 所示。

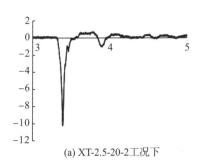

(a) XT-2.5-20-2工况下

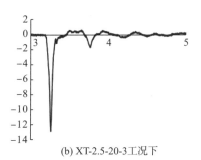

(b) XT-2.5-20-3工况下

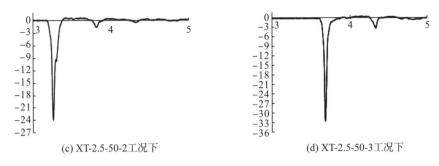

(c) XT-2.5-50-2工况下　　　　　　　　　　(d) XT-2.5-50-3工况下

图 3.65　第一支撑绳串联的#2 推拉力传感器在不同试验工况下的测量值

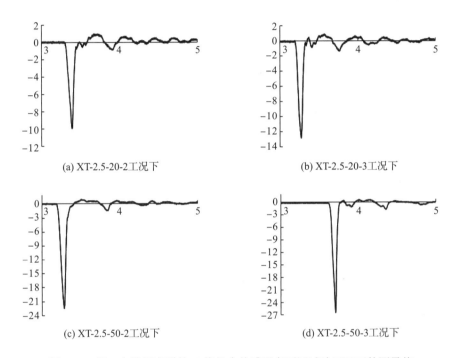

(a) XT-2.5-20-2工况下　　　　　　　　　　(b) XT-2.5-20-3工况下

(c) XT-2.5-50-2工况下　　　　　　　　　　(d) XT-2.5-50-3工况下

图 3.66　第二支撑绳串联的#4 推拉力传感器在不同试验工况下的测量值

　　根据试验中第一支撑绳上的#1、#2 和第二支撑绳上#3、#4 推拉力传感器的测试结果，可以得到不同试验工况下第一支撑绳和第二支撑绳所受的最大瞬时冲击力，如表 3.17 所示。

表 3.17　不同工况下支撑绳所受最大瞬时冲击力对比表

落石质量/kg	试验工况	第一支撑绳/kN			第二支撑绳/kN		
		#1	#2	平均值	#3	#4	平均值
20	XT-2.5-20-2	10.36	10.29	10.325	9.92	10.02	9.97
	XT-2.5-20-3	12.34	12.96	12.15	12.79	12.83	12.81
50	XT-2.5-50-2	24.22	24.04	24.13	22.33	22.55	22.44
	XT-2.5-50-3	31.06	32.7	31.88	24.44	26.46	25.45

3.2.4　TECCO 网斜向抗落石冲击数值模拟

1. 有限元模型的建立与验证

有限元模型建立时选取的单元、材料模型和几何模型建立方法前述研究一致。建立起的 TECCO 网有限元模型如图 3.67 所示。模型建立时，令落石与 TECCO 网接触，初始时间为 0s，接触初速度根据试验中落石距 TECCO 网中心高度计算得出，重力加速度取 9.8m/s²，总计算时间为 0.4s。为了验证所建立有限元模型的有效性，将数值模拟结果和试验测试结果从以下三个方面进行对比分析：TECCO 网的变形特征、第一支撑绳和第二支撑绳所承受冲击力的时程曲线、第一支撑绳和第二支撑绳所承受的最大瞬时冲击力。

(a) 正立面图　　　　　　　　　　　　　　　　(b) 俯视图

图 3.67　与试验对应的有限元模型

为节省篇幅，图 3.68 仅给出了 20kg、50kg 落石分别以 3m 高度斜向冲击 TECCO 网的数值模拟与试验对比图。从对比图可以看出：数值模拟与试验结果吻合较好，采用有限元数值模拟方法能够较好地模拟落石冲击 TECCO 网的动态过程。图 3.69 给出了不同工况下从落石接触 TECCO 网开始到第一次冲击结束这一阶段(不考虑落石第一次冲击回弹后的第二次冲击 TECCO 网)中第一支撑绳和第二支撑绳经试验测试(受拉为正)和数值计算得出的拉力时程曲线对比图，试验测试结果分别包括#1、#2 和#3、#4 推拉力传感器测试的时程曲线。

(a) 模拟中XT-2.5-20-3工况下TECCO　　　　(b) 试验中XT-2.5-20-3工况下TECCO
网达到最大变形　　　　　　　　　　　　　　网达到最大变形

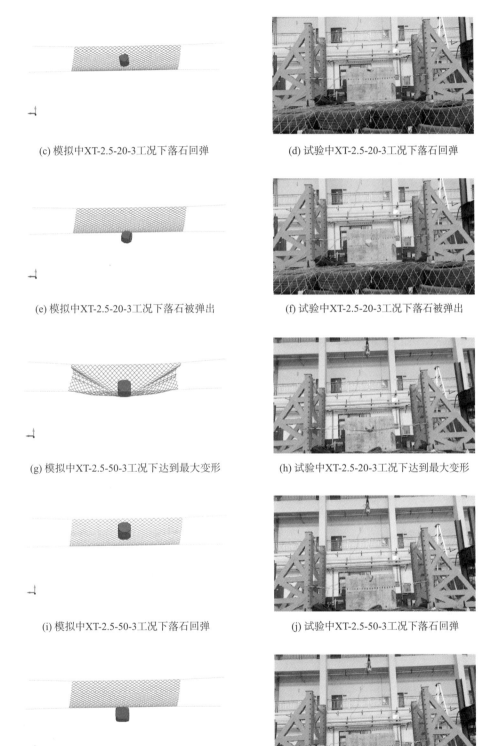

(c) 模拟中XT-2.5-20-3工况下落石回弹

(d) 试验中XT-2.5-20-3工况下落石回弹

(e) 模拟中XT-2.5-20-3工况下落石被弹出

(f) 试验中XT-2.5-20-3工况下落石被弹出

(g) 模拟中XT-2.5-50-3工况下达到最大变形

(h) 试验中XT-2.5-20-3工况下达到最大变形

(i) 模拟中XT-2.5-50-3工况下落石回弹

(j) 试验中XT-2.5-50-3工况下落石回弹

(k) 模拟中XT-2.5-50-3工况下落石被弹出

(l) 试验中XT-2.5-50-3工况下落石被弹出

图 3.68 数值模拟与试验对比图

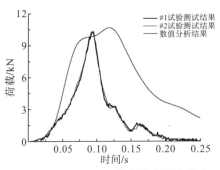

(a) 第一支撑绳#1、#2传感器测量值与数值
分析结果对比(XT-2.5-20-2工况下)

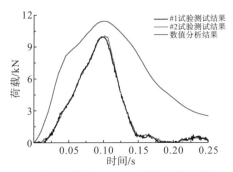

(b) 第二支撑绳#3、#4传感器测量值与数值
分析结果对比(XT-2.5-20-2工况下)

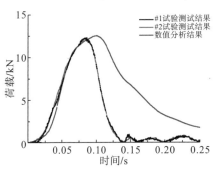

(c) 第一支撑绳#1、#2传感器测量值与数值
分析结果对比(XT-2.5-20-3工况下)

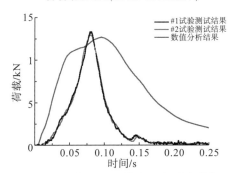

(d) 第二支撑绳#3、#4传感器测量值与数值
分析结果对比(XT-2.5-20-3工况下)

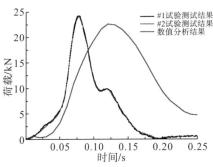

(e) 第一支撑绳#1、#2传感器测量值与值分
析结果对比(XT-2.5-50-2工况下)

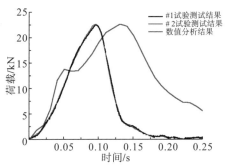

(f) 第二支撑绳#3、#4传感器测量值与数值
分析结果对比(XT-2.5-50-2工况下)

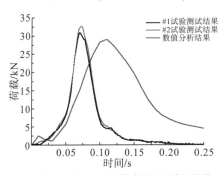

(g) 第一支撑绳#1、#2传感器测量值与数值
分析结果对比(XT-2.5-50-3工况下)

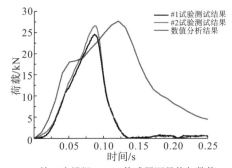

(h) 第二支撑绳#3、#4传感器测量值与数值
分析结果对比(XT-2.5-50-3工况下)

图 3.69　支撑绳所受拉力的时程曲线对比图

从图 3.69 中可以看出：试验测试和数值分析中的支撑绳拉力时程曲线上升阶段即从冲击接触到达到峰值冲击荷载这一过程吻合很好，而这也是设计计算所应关注的主要部分。表 3.18 给出了不同工况下落石冲击 TECCO 网过程中支撑绳所受的最大瞬时冲击力，表中的第一支撑绳和第二支撑绳的试验测试值取#1、#2 推拉力传感器和#3、#4 推拉力传感器分别测试得出最大瞬时冲击力的平均值（受拉为正），对比结果显示，数值模拟能够准确地反映支撑绳在落石冲击过程中所受的最大冲击力。

表 3.18   不同工况下支撑绳所受最大瞬时冲击力对比表

落石质量/kg	试验工况	第一支撑绳/kN			第二支撑绳/kN		
		数值分析	试验测试	误差分析/%	数值分析	试验测试	误差分析/%
20	XT-2.5-20-2	10.692	10.325	2.55	11.341	9.97	12.75
	XT-2.5-20-3	12.471	12.15	2.44	12.682	12.81	6.81
50	XT-2.5-50-2	22.64	24.13	6.17	22.445	22.44	0.02
	XT-2.5-50-3	29.325	31.88	8.01	27.660	25.45	8.68

基于有效的 TECCO 网斜向抗落石冲击数值分析模型，分析不同角度 TECCO 网的抗落石冲击特性。首先对比分析相同冲击能作用下不同角度（与水平面的夹角）TECCO 网的抗落石冲击性能，主要对比不同工况下的 TECCO 网所受落石冲击力、剩余高度、防护宽度及支撑绳所受冲击力。其中，剩余高度指落石冲击 TECCO 网达到最大变形时与第一支撑绳的高度差，涉及柔性金属网变形时的侵限问题；防护宽度指落石冲击 TECCO 网回弹弹出后向外抛射降落至第一支撑绳的初始水平时，落石距第二支撑绳初始位置的水平距离，涉及落石被抛出后的威胁边界问题。在数值分析中，考虑到要使落石与 TECCO 网接触时接触面的几何形状不随 TECCO 网角度发生变化，落石模型采用圆球模型来代替原多面体模型，圆球模型密度设置为 2500kg/m³，质量为 50kg，其他参数不变。本节落石的冲击速度为 25m/s。图 3.70 给出了落石冲击 TECCO 网过程中的加速度时程曲线，其中，

$$a = \sqrt{a_x^2 + a_y^2 + a_z^2} \tag{3.31}$$

式中，a 为落石总体加速度，a_x、a_y 和 a_z 分别为落石 x、y 和 z 向的加速度。

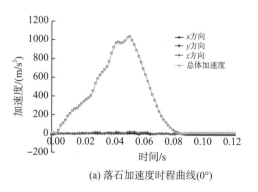

(a) 落石加速度时程曲线(0°)

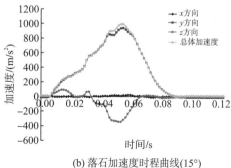

(b) 落石加速度时程曲线(15°)

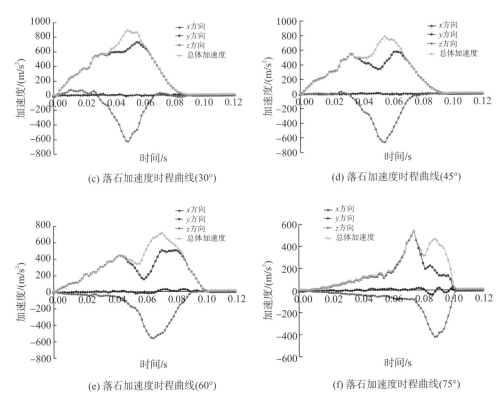

(c) 落石加速度时程曲线(30°)

(d) 落石加速度时程曲线(45°)

(e) 落石加速度时程曲线(60°)

(f) 落石加速度时程曲线(75°)

图 3.70 不同冲击角度下落石的加速度时程曲线

图 3.71 给出了落石冲击 TECCO 网过程中所受冲击力的时域响应，图 3.72 给出了落石冲击 TECCO 网过程中第一支撑绳和第二支撑绳所受冲击力的时域响应。

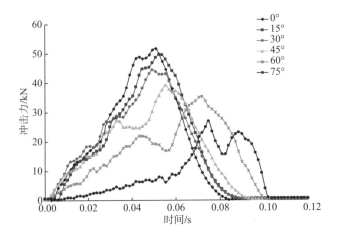

图 3.71 不同冲击角度下落石所受冲击力的时域响应

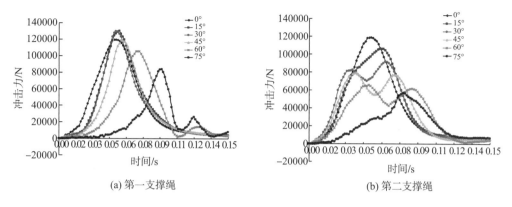

图 3.72　不同冲击角度下支撑绳所受冲击力的时域响应

　　表 3.19 是从数值分析中提取的不同角度 TECCO 网的抗落石冲击性能参数。由表可知，与 TECCO 网倾角为 0°的工况相比，当 TECCO 网倾角为 15°、30°和 45°时，落石冲击后的回弹效果较好，剩余高度有所提高，防护宽度提高较为明显，落石冲击力有所降低，其中，倾角为 45°的工况下的落石冲击力降低最为明显。另外，倾角为 45°的工况下的支撑绳所承受的最大瞬时冲击力要比倾角为 15°、30°的工况下的支撑绳承受的最大瞬时冲击力小。而在 TECCO 网倾角为 60°、75°的工况下，虽然在冲击过程中落石最大瞬时冲击力和支撑绳最大瞬时冲击力最小，但其防护宽度较小，且落石冲击后的回弹作用不太理想，其中，在 TECCO 网倾角为 60°的工况下，落石完全是由于滚落冲击第一支撑绳而被弹出，在 TECCO 网倾角为 75°的工况下，落石几乎没有出现冲击后的回弹现象。

表 3.19　不同冲击角度下 TECCO 网的抗落石冲击性能

TECCO 网倾斜角度/(°)	剩余高度/m	防护宽度/m	落石所受最大瞬时冲击力/kN	支撑绳最大瞬时冲击力/kN		落石最终状态
				第一支撑绳	第二支撑绳	
0	-0.87	2.5	51.69	119.75	119.75	停留在 TECCO 网上
15	-0.28	14.09	49.74	130.45	106.24	弹出
30	0.025	19.47	44.50	130.13	92.00	弹出
45	0.129	14.90	39.31	119.06	79.50	弹出
60	0	7.49	35.35	105.75	65.69	沿 TECCO 网滚至第一支撑绳后弹出
75	0	0.64	26.88	84.15	56.71	沿 TECCO 网滚出，基本无弹出现象

第4章 引导式落石缓冲系统防落石灾害
的设计理论

在被动防护系统中，柔性金属网的四边均为约束边界，在拦截落石时，落石的动能在极短的作用时间内降为零，因此系统中的钢丝绳与节点所承受的荷载极大(阳友奎 等，2005)。引导式落石缓冲系统是在被动防护系统的基础上加以改进，将防护网下端设计为自由边界，释放了防护网更多的自身变形和位移自由度，使其对冲击落石的作用由拦截变为约束。从防护网的耗能机理来看，落石冲击做功使防护网发生大变形和大位移，落石动能转化为防护网的变形能和动能，由于引导式落石缓冲系统的防护网下端为自由铺展，因此此类防护网质点运动的自由度更高,防护网的重力做功明显增加。与被动防护系统相比，引导式落石缓冲系统的结构形式更充分地利用了防护网自重、阻尼等自然属性来耗散落石冲击能量，降低了保持系统正常工作所必需的强度要求和维护要求。

4.1 引导式落石缓冲系统的模型试验

引导式落石缓冲系统的模型试验是研究防护系统在落石冲击下的缓冲吸能效果以及对落石运动轨迹的约束作用的必要手段，也是下一步建立数值模型、进行参数化分析、防护系统设计理论构建的基础和前提。本节设计了引导式落石缓冲系统的模型试验方案，开展引导式落石缓冲系统在落石冲击下的多工况试验研究，探讨落石特性和防护网特性对防护系统的耗能机理和传载规律的影响。

4.1.1 引导式落石缓冲系统的模型试验方案

试验准备主要包括落石模型的浇筑、冲击台架的搭设、高速摄像机准备和行车准备等过程，分述如下。

1. 落石模型的浇筑

落石模型采用球形钢筋笼和水泥浇筑而成，拟定的落石质量为50.0kg和150.0kg，落石直径分别为33.5cm和42.4cm。为了使后期追踪落石轨迹更加清晰，将浇筑的落石块体以黄色油漆涂色处理，如图4.1所示。浇筑落石完成后，考虑到钢筋和水泥用量会造成落石质量变化较大，因此重新称量了落石质量，分别为66.0kg和161.0kg。

图 4.1　浇筑的落石模型

2. 冲击台架的搭设

落石冲击台架采用钢管、木板、扣件、隔离网等组成，其主体包括两个平台和两个坡道，一级平台为挂网位置，一级坡道为落石运动的观测坡道；二级平台为落石释放位置，二级坡道为落石提供入射柔性金属网的初速度。落石从二级平台释放后沿二级坡道滚落，在一级平台端部入射到引导式落石缓冲系统，其后落石在一级坡道滚动，并最终从坡脚滚出。冲击试验台架的外形尺寸为 9.0m×3.0m×8.0m（长×宽×高），其中一级坡道水平长度为 3.0m，一级平台高度为 4.0m，二级坡道水平长度为 4.0m，二级平台高度为 8.0m；一级平台和二级平台长度均为 1.0m，冲击试验台架截面尺寸的立面尺寸如图 4.2 所示。在试验台架底部的落石滚动区域设置了轮胎围栏，在落石冲击正面方向设置了拦石墙。根据设计图纸搭建的落石冲击试验台架如图 4.3 所示。

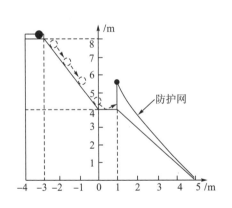 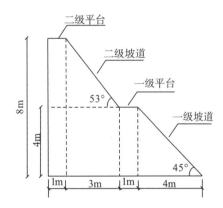

图 4.2　冲击试验台架示意图

3. 高速摄像机准备

试验时采用高速摄像机进行图像采集。采集过程从落石离开第二坡道到落石从第一坡道的坡脚滚出结束。高速摄像机采集帧率设置了两组：500 帧/s 和 250 帧/s，高速摄像机设置位置为面向试验台架的侧面正对位置。

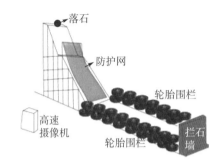

图 4.3　冲击试验台架现场图

4. 行车准备

采用 20t 起重设备来起吊落石至二级平台。

落石在二级平台释放时，将落石置于二级坡道与二级平台的交界位置(图 4.2)，使落石从静止与运动的临界位置启动，以保证落石的释放过程没有外界施加的速度影响。每次冲击试验完毕后，通过吊车将落石移动至二级平台，开始下一次试验。

4.1.2　引导式落石缓冲系统的防护网形态与落石运动轨迹分析

落石冲击试验台架搭建完毕后，在未搭建引导式落石缓冲系统的情况下进行了 66.0kg 落石的自由释放冲击试验，如图 4.4 所示。从自由冲击试验结果可以明显看到，落石从一级平台反弹后高速射出，直接飞过一级坡道，最终在坡脚被拦石墙拦截。在实际环境中，交通线两侧高速坠落飞行的落石，在没有防护的情况下，会直接冲击交通线上的人员、设施，造成严重危害。

(a) 准备释放　　(b) 落石在　　(c) 落石在一　　(d) 落石飞离　　(e) 落石飞过　　(f) 落石飞到坡底
　　落石　　　　二级坡道上　　级平台反弹　　一级平台　　一级坡道

图 4.4　落石的自由释放冲击试验动态过程

在自由冲击试验完毕后，安装了引导式落石缓冲系统并按照计划进行试验，试验时以绿色小球标记防护网的侧面变形情况。66.0kg 落石的第一次冲击是在二级平台完好、无刚度损失的情况下进行的，落石在平台处反弹，沿斜向上方向入射防护网，在防护网内运动时速度不断衰减，然后在网的压覆作用下向坡道坠落，接触坡道后有轻微回弹，在防护网和坡道之间的夹层空间内向坡脚方向滚动，最终滚离坡脚，如图 4.5 所示。

图 4.5　66.0kg 落石冲击防护网的动态过程

第 1 次落石冲击后，连续进行了第 2 次和第 3 次落石冲击试验，在第 2 次和第 3 次试验中发现，落石冲击防护网时水平速度比第 1 次偏小，原因是二级平台在第 1 次冲击后有较大程度的刚度损失，导致落石在平台反弹过程中被吸收了较多能量。因此在这三次落石冲击后加固二级平台，加固后的二级平台刚度略大于第 1 次落石冲击时的平台刚度。加固完成后，进行了 66.0kg 落石的第 4 次和第 5 次冲击试验。对 5 次冲击试验的防护网侧面变形特征进行了对比分析，5 次冲击试验防护网的变形形态如图 4.6 所示。

(a) 第1次冲击

(b) 第2次冲击

(c) 第3次冲击

(d) 第4次冲击

(e) 第5次冲击

图 4.6　66.0kg 落石 5 次冲击试验防护网的变形形态

由图 4.6 可见，第 1 次、第 4 次和第 5 次落石冲击时，防护网的侧面变形的底部类似于网兜形，在第 2 次、第 3 次落石冲击时，防护网的变形侧面开口较小，底部基本无变形，原因是第 1 次落石冲击后平台刚度降低较多，导致第 2 次、第 3 次冲击时落石在平台处耗散了较多能量，落石入射向防护网的速度较小，未能充分冲击防护网，因此防护网的变形时间短、变形程度小。第 1 次、第 4 次和 5 次落石冲击反映了落石完全冲击下的防护网变形情况，防护网的变形从挂网位置向坡脚延伸，传播速度较快，防护网渐次升起。第 1 次、第 4 次和第 5 次落石冲击时防护网的升起部分长度相近。

将 5 次冲击试验落石运动的轨迹绘制在一起，如图 4.7 所示，图中坐标原点位置如图 4.2 所示。①第 1 次冲击试验中，防护网的最大冲击变形距离在 5 次冲击试验中最大；落石第 1 次从一级平台弹起后触网时的竖向最高位置为 4.3m，与坡道平行时的垂直距离为 0.84m；5 次试验落石接触一级坡道后的回弹高度均很小，第 5 次试验时落石接触一级坡道后回弹高度（与坡道平行时的垂直高度）最高，为 0.26m。②落石接触坡道后基本沿坡道平滑滚动至坡脚，二次反弹并不强烈，表明落石在第一过程中耗散了较多的能量，5 次冲击试验中落石最终都以滚动形态从坡脚离开防护系统。

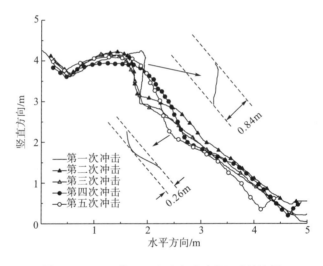

图 4.7　66.0kg 落石 5 次冲击试验的运动轨迹图

5 次 66.0kg 落石冲击试验的防护网受冲击的变形过程如图 4.8 所示，从图中可以看出，防护网的变形表现出一定的波浪式特征，表明落石的冲击能量传递到防护网上，在网面上以"波动"形式向坡脚传播，由于防护网自身的质量和阻尼，网的波动运动的波峰迅速衰减，最终平覆在坡面上。将图 4.8(a) 到图 4.8(b) 的过程定义为第一过程，此时落石离开平台到接触防护网，运动到最高点（即将与防护网脱开）；将图 4.8(b) 到图 4.8(e) 的过程定义为第二过程，此时落石从最高点向下运动，到接触第一级坡道；将图 4.8(e) 到图 4.8(f) 的过程定义为第三过程，此刻落石在防护网内运动，直到滚离防护网的防护范围。

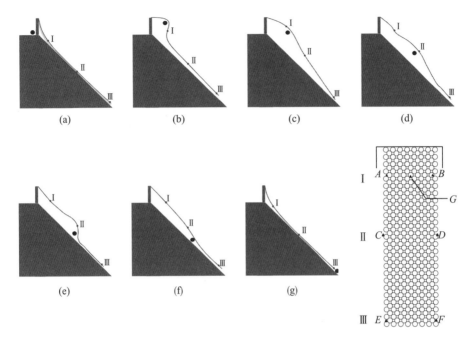

图 4.8　落石冲击柔性防护网的过程划分和配重位置

经过分析落石运动轨迹可知，落石入射到防护网范围后，其冲击能量的耗散集中于第一过程，即冲击防护网到第一次与防护网脱离之间的过程。为了提高防护网耗散落石冲击能量的水平，可通过配重来限制防护网的运动，从而实现降低落石能量的目的。按照防护网的几何尺寸和防护网的波浪式传播能量特征，设计了沿坡道方向的三个配重位置，分别是位置Ⅰ、位置Ⅱ以及位置Ⅲ（均在网侧配重），与入射位置的水平距离分别为 0.90m、1.90m 和 3.50m。增设了在Ⅰ位置的网中点配重的附加工况，每个配重位置包括两个配重点，所有配重点依次标记为 $A\sim G$。每个配重点的质量为 10.0kg。每种配重工况试验 3 次，相同工况下选取其中一次冲击试验数据对落石的运动轨迹进行分析，试验选取的落石质量为 66.0kg，与前 5 次无配重试验的工况相同。

首先对Ⅰ位置配重工况进行分析，将设置配重后的落石运动轨迹与无配重工况下第 4 次冲击试验进行对比，如图 4.9 所示。需要说明的是，选择第 4 次试验，而未选择第 1 次试验作为对比，原因是第 1 次落石冲击时，落石在一级平台上反弹后，竖直方向的速度分量较大，落石"前冲"趋势不显著，是一种偏安全的工况，不具备无配重工况下的典型性，另外，配重工况与第 4 次、第 5 次落石冲击试验均是在一级平台加固后进行试验的，因此选择了第 4 次无配重的落石冲击试验作为对比工况（从图 4.7 中也可看出，第 4 次与第 5 次的冲击试验轨迹趋势相对一致）。

从图 4.9 中可以看出：在水平方向，Ⅰ位置网侧（A、B 点）配重约束了落石在水平方向 2.00～3.00m 的运动趋势，落石接触坡道落点比无配重工况近了 0.68m（水平方向），在Ⅰ位置网中（G 点）再增加 10.0kg 配重后，落石的运动轨迹被进一步约束，落石落点位置比无配重工况近了 1.15m。此外，在网侧配重（即 A、B 点配重）和网侧+网中均配重（即 A、

B、G 三点配重)的情况下,落石接触坡道后的回弹高度减小许多,后续的运动轨迹很平稳,表明配重是一种经济实用的性能优化方法。

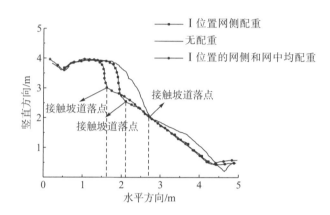

图 4.9　无配重与 I 位置配重后落石的运动轨迹

　　图 4.10 给出了 I 位置网侧和网中均配重(A、B、G 三点配重)情况下,落石运动关键时刻的代表性照片。从图中可以看出:落石在网侧、网中均配重的工况下,其横向运动趋势在落石冲击到防护网后被迅速消减,此后落石被防护网压覆在一级坡道上,沿防护网与一级坡道之间的容留空间向下滚动,最终滚离坡脚。

图 4.10　I 位置网侧和网中配重时落石运动过程

　　图 4.11、图 4.12 分别给出了在 I 位置网侧配重和网侧、网中均配重情况下,落石触网后即将离开时的照片,对比可以看出:增加网中配重后,落石冲击位置的防护网面外突起明显减小。

图 4.11　Ⅰ位置网侧配重

图 4.12　Ⅰ位置网侧、网中配重

落石冲击到防护网并在防护网面内被拦截的过程中，有着显著的旋转运动，且落石旋转方向为顺时针方向，如图 4.13 所示。当在Ⅰ位置增加了网中配重后，落石在防护网面内的运动位移更短，表明配重后，落石的动能经历更短的时间即被耗散，其原因是网中配重后，落石与配重碰撞，发生动量转换，且落石与防护网之间的接触压力比无配重时大，落石被迅速压落到坡道上，落石与防护网间的接触摩擦力更大，使得落石动能中由自转产生的部分在更短的时间内被耗散。

图 4.13　落石的旋转

在Ⅰ位置配重的落石冲击试验完毕后，将配重位置变更为Ⅱ位置后继续试验，并与无配重工况进行了对比分析，如图 4.14 所示。从图中可以看出：当Ⅱ位置增加配重后，落石在一级坡道上的落点比无配重工况提前了 0.51m。落石接触坡道后，Ⅱ位置配重工况下落石的运动轨迹基本无波动，而未配重工况下，落石在坡道上发生了弹跳。为了更加明确两种工况下的落石运动轨迹差异，采用数学中的误差棒来进行描述，误差棒本身是用来描述数据的不确定度，这里采用误差棒描述落石运动轨迹差异，根据数据绘制了落石运动轨迹的误差棒图，如图 4.15 所示。

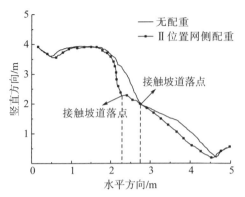
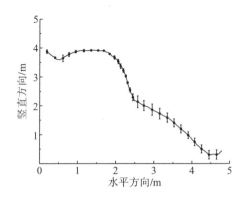

图 4.14 无配重与Ⅱ位置配重落石的运动轨迹   图 4.15 无配重与Ⅱ位置配重轨迹误差棒图

从图 4.15 中可知，在水平方向位置 2.30m 内，落石的运动轨迹基本一致，其后运动轨迹开始出现分化，并且一直延续至坡脚。结合图 4.14 所示的落石轨迹图分析可知，在Ⅱ位置配重约束了落石在越过Ⅱ位置后的坡道滚动过程，其运动轨迹曲线更加平稳，而对落石在Ⅱ位置之前的运动约束作用并不显著。

对Ⅱ位置配重工况考察完毕后，将配重点设置在Ⅲ位置上继续进行落石冲击试验，其落石运动轨迹与无配重工况进行了对比，如图 4.16、图 4.17 所示。从图中可以看出：落石从水平位置 1.80m 左右开始下落，其后的运动轨迹与无配重工况相比差异较大，结合落石运动轨迹图，可知在Ⅲ位置配重后基本消除了落石在坡道上的弹跳现象。

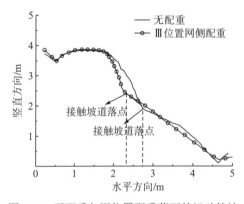
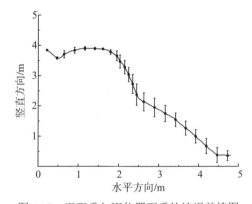

图 4.16 无配重与Ⅲ位置配重落石的运动轨迹   图 4.17 无配重与Ⅲ位置配重轨迹误差棒图

为了考察三个配重位置对落石运动轨迹的影响程度的区别，根据落石运动轨迹数据，进行了各配重工况间的对比分析。

1. Ⅰ、Ⅱ位置配重的对比分析

首先将Ⅰ位置配重与Ⅱ位置配重工况下的落石运动轨迹进行对比分析，并绘制了落石轨迹图和误差棒图，如图 4.18 和图 4.19 所示。从图中可以看出：Ⅰ位置配重的落石在坡道上的落点更近，比Ⅱ位置配重时落点位置近 0.27m；两种工况下落石运动轨迹的主要差异在于水平位置 1.50～2.50m。需要注意的是，水平位置 1.00m 以下是落石在一级平台上反弹后的入射过程，并未接触防护网，因此其误差棒的大小与防护网无关，仅代表落石反弹前的随机性。

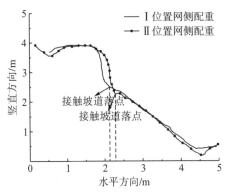

图 4.18 Ⅰ 与 Ⅱ 位置配重落石的运动轨迹

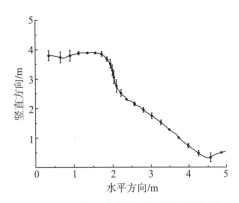

图 4.19 Ⅰ 与 Ⅱ 位置配重轨迹误差棒图

2. Ⅰ、Ⅲ位置配重的对比分析

将 Ⅰ 位置配重与Ⅲ位置配重工况下的落石运动轨迹进行对比分析，并绘制了落石轨迹图和误差棒图，如图 4.20 和图 4.21 所示。从图中分析可知：在 Ⅰ 位置配重时，落石在坡道上的落点比Ⅲ位置配重时的落点近 0.48m，落石在落到一级坡道上后，在坡道上的滚动过程均比较平稳，没有弹跳现象；两种工况下落石的运动轨迹曲线在水平方向1.80~2.20m 差异较大，其后两条轨迹线比较平缓，在坡脚位置处分离；两种工况下落石在防护网内的冲击高度基本一致。

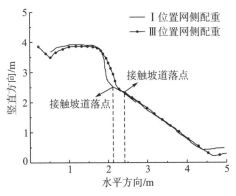

图 4.20 Ⅰ 与Ⅲ位置配重落石的运动轨迹

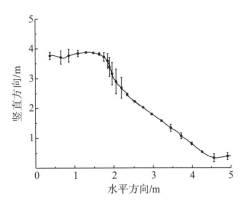

图 4.21 Ⅰ 与Ⅲ位置配重轨迹误差棒图

3. Ⅱ、Ⅲ位置配重的对比分析

将Ⅱ位置配重与Ⅲ位置配重工况下的落石运动轨迹进行对比分析，并绘制了落石轨迹图和误差棒图，如图 4.22 和图 4.23 所示。从图中可以看出：两种工况下落石运动轨迹差异很小，主要差异部分在水平位置 1.70~2.30m，即Ⅱ位置配重点附近。两种工况下落石在坡道上的滚动都比较平稳，未发生明显弹跳现象。

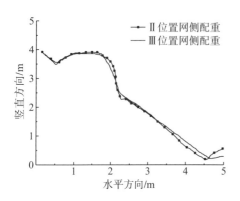
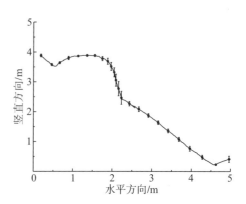

图4.22　Ⅱ与Ⅲ位置配重落石的运动轨迹　　　　图4.23　Ⅱ与Ⅲ位置配重轨迹误差棒图

　　本节对Ⅰ、Ⅱ、Ⅲ位置分别配重并考察了其落石运动轨迹，与无配重工况进行了对比分析，对其后进行的三个位置配重工况之间的差异化进行分析，可得出以下结论：①在靠近落石入射位置的Ⅰ位置配重，对落石运动的约束作用最大，落石的落点最近，落石在坡道上的滚动过程较为平稳，落石未见明显弹跳；②在Ⅰ位置网中增加配重可以进一步降低落石冲击入网的高度，并迅速消减落石自转能量，使落石被压覆在防护网下向坡脚平稳滚动；③Ⅱ位置配重与Ⅲ位置配重对落石运动轨迹的影响程度相似，主要原因是落石在Ⅰ位置处与防护网接触后，到达Ⅱ位置时已进入快速下降阶段。Ⅱ、Ⅲ位置配重工况下落石的滚动过程平稳，落石未见明显弹跳。

　　在对分别配重的工况进行分析后，下面重点考察不同配重组合方式对落石运动的影响。首先考察Ⅰ位置与Ⅱ位置同时配重的工况，并与仅在Ⅰ位置配重时的工况进行对比，绘制了落石的运动轨迹图，如图4.24所示。从图中可知：在Ⅰ、Ⅱ位置同时配重后，落石在坡道上的落点更近，落石触网后的竖直方向高度基本一致，落石在坡道上的滚动轨迹均较为平整。

　　其次考察Ⅰ位置与Ⅲ位置同时配重的工况，并与仅Ⅰ位置配重时的工况进行对比，绘制了落石的运动轨迹图，如图4.25所示。从图中可知：Ⅰ、Ⅲ位置配重与仅在Ⅰ位置配重工况的落石运动轨迹图差异很小，落石触网后的竖直方向高度基本一致，落石接触坡道的位置也基本一致，落石滚动过程均比较平稳，表明Ⅰ位置配重后，增加Ⅲ位置配重对防护网约束落石运动的能力提高有限。

　　最后考察Ⅱ位置与Ⅲ位置同时配重的工况，并与仅Ⅰ位置配重时的工况进行对比，绘制了落石的运动轨迹图，如图4.26所示。从图中可知：Ⅱ、Ⅲ位置配重工况下落石在坡道上的落点比Ⅰ位置配重更远，虽然其配重总质量大于Ⅰ位置配重的工况，但并未达到更好的约束效果，说明配重位置距落石入射位置的远近对防护效果的影响更加明显。

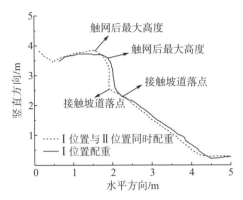

图 4.24　Ⅰ、Ⅱ位置与Ⅰ位置配重的落石运动
轨迹对比图

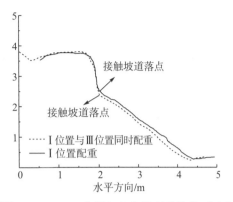

图 4.25　Ⅰ、Ⅲ位置与Ⅰ位置配重的落石运动
轨迹对比图

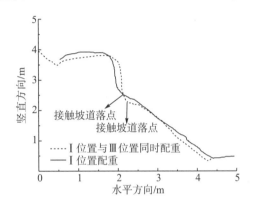

图 4.26　Ⅱ、Ⅲ位置与Ⅰ位置配重的落石运动轨迹对比图

　　对 66.0kg 落石的试验完毕后，进行了 161.0kg 落石冲击试验，试验共进行三次，三次冲击过程基本一致，防护网处于无配重状态。对 161.0kg 落石第 1 次的冲击试验过程进行了考察，冲击试验过程如图 4.27 所示，同时根据高速摄像机获得的数据，绘制了 161.0kg 落石的运动轨迹，并与 66.0kg 落石无配重工况第 4 次冲击试验的运动轨迹进行对比分析（图 4.28）。从图 4.27 和图 4.28 中可以看出：在质量更大的落石冲击下，防护网的变形很大，落石接触一级坡道时飞出的距离相比 66.0kg 落石更远，161.0kg 落石的落点已较接近坡脚，比 66.0kg 落石落点远 0.52m；两种质量的落石在防护网内飞起的竖向最大高度相近；大质量落石在无配重工况下，仅由防护网压覆并不能较好地限制其运动高度和距离。此外，161.0kg 大质量落石并未贴靠坡道滚出，而是以一定高度弹离坡脚。

图 4.27　161.0 kg 无配重第一次落石冲击试验过程

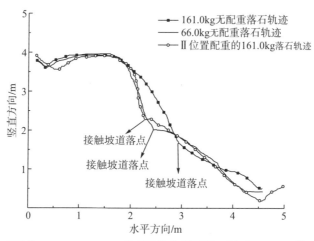

图 4.28　无配重工况下 66.0kg、161.0kg 落石及 II 位置配重工况下 161.0kg 落石运动轨迹对比图

图 4.28 也给出了 II 位置配重工况下 161.0kg 落石的运动轨迹图，从图中可以看出：在 II 位置配重后，161.0kg 落石的运动轨迹比无配重时更加收敛，落石在一级坡道上的落点缩短了 0.72m；与 66.0kg 落石相比，配重后的 161.0kg 落石的落点更短，差值为 0.20m；II 位置配重对大质量落石的运动具有较明显的约束作用，主要的约束阶段在水平方向 2.00~3.00m。同时，II 位置配重后，落石逸出防护网的方式由弹离变为滚离，如图 4.29 和图 4.30 所示。

图 4.29　落石弹离坡脚

图 4.30　落石滚离坡脚

4.1.3　落石运动速度和能量分析

引导式落石缓冲系统的防护理念可描述为"以柔克刚""因势利导"，这既与传统的拦石墙等刚性防护不同，又区别于被动防护网等落石拦截结构。因此，评价被动防护系统的性能指标如拦截落石的最大能级和落石在防护网内的最大冲击距离等不完全适用于引导式落石缓冲系统。对引导式落石缓冲系统而言，落石进入系统后，运动轨迹受到约束，飞行高度在防护网压覆下降低，落石速率迅速衰减，最终落石从坡脚滚出，落入拦石槽。由于落石动能与落石运动速率的平方成正比，即落石灾害的威胁程度受落石运动速率的影响会非常显著，因此整个过程中落石的速率增量和速率衰减率是反映引导式落石缓冲系统对落石运动的约束作用和防护效果的重要指标。本节以落石运动速率分析为切入点，考察引导式落石缓冲系统对落石冲击的防护能力。

4.1.4　不同配重工况对落石运动速度的影响

首先对无配重工况下的落石运动速度进行分析，考虑到落石的转动动能很难确定，在对落石的速度和能量进行分析时只考虑落石的平动，不考虑落石转动的影响。定义在理想情况下落石由一级平台自由滚落到坡脚时的速率增量 ΔV、速率衰减率 α 和动能增量 ΔW、动能衰减率 β 分别如下：

$$\Delta V = V_{\text{out}} - V_{\text{in}} \tag{4.1}$$

$$\alpha = \left(1 - \frac{v_{\text{out}}}{\sqrt{V_{\text{in}}^2 + 2gh}}\right) \times 100\% \tag{4.2}$$

$$\Delta W = \frac{1}{2}mV_{\text{out}}^2 - \frac{1}{2}mV_{\text{in}}^2 \tag{4.3}$$

$$\beta = \left(1 - \frac{v_{\text{out}}^2}{v_{\text{in}}^2 + 2gh}\right) \times 100\% \tag{4.4}$$

式中，V_{in} 为落石在一级平台处入射防护网的速率；V_{out} 为落石从一级坡道坡脚滚出时的速率；h 为一级坡道的竖向高度；m 为落石质量。

通过 PFA 高速摄像分析软件解析高速摄像机数据，得到落石的入射速率和出射速率如表 4.1 所示。表 4.1 中，第 2 次和第 3 次试验时的落石入射速率相比其他次试验明显偏小，其原因是试验台架初始时的一级平台处刚度不足，在进行一次冲击试验后其刚度损失较多，因此落石在此处反弹被吸收了较多能量，导致入射速率偏小。

表 4.1　66.0kg 落石在无配重工况下的 5 组入射速率和出射速率

落石质量及工况	试验次数/次	入射速率/(m/s)	出射速率/(m/s)
66.0kg 无配重	1	4.45	4.86
	2	3.16	5.24
	3	2.49	4.87

续表

落石质量及工况	试验次数/次	入射速率/(m/s)	出射速率/(m/s)
	4	4.45	6.33
	5	4.63	6.41

根据式(4.1)～式(4.4)计算可得到落石的速率增量、速率衰减率、动能增量和动能衰减率，如表4.2所示。从表中可知：第1次无配重落石冲击的速率增量最小，防护网对落石的出射速率衰减最大，达到了50.96%，第2次落石冲击的速率衰减率相比较小，为44.26%；引导式落石缓冲系统对落石具有明显的速率衰减作用，在实际工程中，通过限制落石的高速运动，使得落石可以顺利滚入坡脚的拦石槽，避免其高速运动导致的弹跳、飞射造成二次破坏；落石从一级平台运动到一级坡道坡脚后，其动能衰减均在50%以上，说明引导式落石缓冲系统对落石冲击具有较强的耗能、衰减作用。

表4.2　66.0kg落石在无配重工况下的5组增量及衰减率计算结果

试验次数/次	速率增量/(m/s)	出射速率衰减率/%	动能增量/J	动能衰减率/%
1	0.41	50.96	125.96	75.95
2	2.08	44.26	576.58	68.93
3	2.38	47.05	578.05	71.97
4	1.88	36.12	668.79	59.20
5	1.78	35.85	648.49	58.84

值得注意的是，无配重工况中第1次落石试验的落石速率衰减和动能衰减作用明显强于其他试验，其原因是第1次试验时，落石从一级平台反弹后恰好垂直入射防护网，这也从侧面表明了落石入射角度对防护效果具有显著的影响。

通过PFA处理软件解析高速摄像机的数据，获得了Ⅰ位置配重、Ⅱ位置配重和Ⅲ位置配重落石的入射速率和出射速率，根据式(4.1)～式(4.4)计算可得到落石的速率增量、速率衰减率、动能增量和动能衰减率，如表4.3所示。

表4.3　66.0kg落石在Ⅰ位置配重、Ⅱ位置配重和Ⅲ位置配重工况下的5组速率和能量增量及衰减率计算结果

工况	入射速率/(m/s)	出射速率/(m/s)	速率增量/(m/s)	速率衰减率/%	动能增量/J	动能衰减率/%
Ⅰ位置1	3.93	5.30	1.37	45.29	417.29	70.07
Ⅰ位置2	4.00	5.34	1.34	45.04	413.01	69.79
Ⅰ位置3	4.39	5.81	1.42	41.21	477.97	65.44
Ⅰ位置附加1	3.94	4.86	0.92	49.85	267.17	74.85
Ⅰ位置附加2	4.23	5.21	0.98	46.91	305.29	71.81
Ⅰ位置附加3	4.01	4.90	0.89	49.59	261.69	74.59
Ⅱ位置1	4.11	5.53	1.42	43.35	451.73	67.91

工况	入射速率 /(m/s)	出射速率 /(m/s)	速率增量 /(m/s)	速率衰减率/%	动能增量/J	动能衰减率/%
II 位置 2	3.83	5.61	1.78	41.85	554.51	66.18
II 位置 3	4.20	5.77	1.57	41.12	516.55	65.33
III 位置 1	3.96	6.16	2.20	36.49	734.71	59.67
III 位置 2	4.57	6.18	1.61	37.98	571.15	61.53
III 位置 3	4.24	6.35	2.11	35.32	737.38	58.16

从表 4.3 中可知,配重后防护网的速率衰减和动能衰减都比无配重工况下有所提高,尤其是 I 位置配重工况下,其速率衰减达到 49.85% 左右,动能衰减则达到了 70% 左右。而 III 位置配重工况下,速率衰减与动能衰减均相对较小,与无配重工况相差不大,说明在坡脚配重对落石冲击的耗能效果相对较小。

分别计算三个位置配重工况下的速率衰减和动能衰减,并对各工况下的平均值进行对比分析,结果如表 4.4 和表 4.5 所示。

表 4.4　落石在配重工况下的出射速率和动能增量及衰减率

工况	速率增量/(m/s)	出射速率衰减率/%	动能增量/J	动能衰减率/%
I 位置 1	1.37	45.29	417.29	70.07
I 位置 2	1.34	45.04	413.01	69.79
I 位置 3	1.42	41.21	477.97	65.44
I 位置附加 1	0.92	49.85	267.17	74.85
I 位置附加 2	0.98	46.91	305.29	71.81
I 位置附加 3	0.89	49.59	261.69	74.59
II 位置 1	1.42	43.35	451.73	67.91
II 位置 2	1.78	41.85	554.51	66.18
II 位置 3	1.57	41.12	516.55	65.33
III 位置 1	2.20	36.49	734.71	59.67
III 位置 2	1.61	37.98	571.15	61.53
III 位置 3	2.11	35.32	737.38	58.16

从表 4.5 中可以看出:各种工况中出射速率衰减率和动能衰减率最大的是 I 位置附加工况,即增加 I 位置在网中配重,在 I 位置网侧配重的工况次之,而 III 位置配重的速率衰减率和动能衰减最小,分别为 36.60% 和 59.80%。通过对比各配重工况下的衰减率平均值可知,各配重工况下的动能衰减率相差不大,而与落石入射位置相距最近的 I 位置对落石速率增量的衰减效果最好,尤其是在 I 位置网中增加配重后,速率增量衰减率相比无配重工况提高了 12.65%。

表 4.5   66.0kg 落石在 I 位置配重、 II 位置配重和III位置配重工况下的增量及衰减率平均值

工况	速率增量/(m/s)	速率衰减率/%	动能增量/J	动能衰减率/%
I 位置(均值)	1.37	43.89	430.85	68.51
I 位置附加(均值)	0.93	48.77	277.74	73.76
II 位置(均值)	1.59	42.07	508.43	66.45
III位置(均值)	1.97	36.60	681.95	59.80
无配重	1.71	36.12	668.79	59.20

对无配重工况和单位置配重工况考察完毕后，考察不同配重组合方式下引导式落石缓冲系统对落石的速率衰减率和动能衰减率，研究何种配重方式可以使防护效果最优。

与前述研究方法相同，计算不同配重组合方式下的落石的入射速率、出射速率、速率增量和衰减率、动能增量和衰减率，结果如表 4.6 所示。从表 4.6 中可以看出：不同配重组合方式的工况下，引导式落石缓冲系统对落石的动能衰减率很高，均在 70%以上，很好地实现了缓冲落石冲击的目标；从速率衰减率来看，最小也达到了 42.77%，最大可达到 57.05%，防护网对落石出射速率的衰减作用显著。

表 4.6   66.0kg 落石在不同配重组合工况下的速率、动能增量及衰减率计算结果

工况	入射速率/(m/s)	出射速率/(m/s)	速率增量/(m/s)	速率衰减率/%	动能增量/J	动能衰减率/%
I II位置配重 1	4.09	4.31	0.22	55.81	60.98	80.47
I II位置配重 2	3.69	4.12	0.43	57.05	110.82	81.55
I II位置配重 3	4.14	4.34	0.2	55.60	55.97	80.29
II III位置配重 1	4.79	5.35	0.56	46.86	187.39	71.76
II III位置配重 2	4.30	5.00	0.7	49.20	214.83	74.20
II III位置配重 3	3.83	4.56	0.73	52.73	202.12	77.66
I III位置配重 1	4.56	5.70	1.14	42.77	385.98	67.25
I III位置配重 2	3.97	4.71	0.74	51.46	211.97	76.44
I III位置配重 3	4.21	5.10	0.89	47.98	273.43	72.94

为了更加清晰地分析各配重组合方式对落石冲击的衰减作用的区别，计算各工况下的平均衰减率如表 4.7 所示。从表中可以看出：组合方式的配重工况相比无配重工况，防护网对落石冲击的防护效果有了明显提高，速率衰减率分别提高了 20.02%、13.40%和 11.23%，动能衰减率分别提高了 21.56%、15.32%和 13.08%；与单独位置配重工况进行对比，选择单独位置配重效果最好的 I 位置配重作为对比工况，速率衰减率分别提高了 12.25%、5.63%和 3.46%，动能衰减率分别提高了 12.25%、6.01%和 3.77%；在 66.0kg 落石冲击下，引导式落石缓冲系统的配重组合比单独配重方式的防护效果更佳。

表 4.7　66.0kg 落石在不同配重组合工况下的增量及衰减率平均值

配重位置	速率增量/(m/s)	速率衰减率/%	动能增量/J	动能衰减率/%
Ⅰ、Ⅱ位置配重(均值)	0.28	56.14	76.95	80.76
Ⅱ、Ⅲ位置配重(均值)	0.66	49.52	203.07	74.52
Ⅰ、Ⅲ位置配重(均值)	0.92	47.35	286.93	72.28
Ⅰ位置(均值)	1.37	43.89	430.85	68.51
无配重	1.71	36.12	668.79	59.20

综合所有试验工况可知，在 66.0kg 落石冲击的情况下，在Ⅰ、Ⅱ位置组合配重的配置方式的速率衰减率和动能衰减率最大，防护效果最好。

4.1.5　不同落石质量对落石运动速度的影响

在 66.0kg 落石冲击试验完毕后，进行了 161.0kg 落石的冲击试验，161.0kg 落石的无配重冲击试验共进行 3 次，落石速率变化如表 4.8 所示。

表 4.8　161.0kg 落石在无配重工况下的 5 组入射速率和出射速率　　　　(单位：m/s)

落石试验工况	入射速率	出射速率
161.0kg 无配重 1	5.08	7.10
161.0kg 无配重 2	4.39	5.88
161.0kg 无配重 3	3.45	5.86
161.0kg 无配重平均	4.31	6.28

161.0kg 落石对试验平台的冲击较大，在第 2 次和第 3 次试验时试验台架的一级平台发生了一定变形，吸收了较多的落石冲击能量，导致试验速度较低，因此对比分析两种不同质量落石对其运动速度的影响时，选择 161.0kg 落石无配重第 1 次试验和 66.0kg 落石无配重工况下的第 4 次试验作为对比对象，二种落石运动速率变化如表 4.9 所示。从表 4.9 中可以看出：对更大质量(体积)的落石，防护网的速率衰减效果和动能衰减效果有所减弱。

表 4.9　不同质量落石工况下的速率和动能增量及衰减率计算结果

落石质量/kg	入射速率/(m/s)	出射速率/(m/s)	速率增量/(m/s)	速率衰减率/%	动能增量/J	动能衰减率/%
66.0	4.45	6.33	1.88	36.12	668.79	59.20
161.0	5.08	7.10	2.02	30.45	811.92	51.62

4.1.6　小结

4.1 节主要开展了引导式落石缓冲系统的模型试验，在搭设的冲击台架上进行了 66.0kg 和 161.0kg 落石的多种配重工况下的落石冲击试验。通过试验结果的对比和分析，得到如下结论：①无防护系统时，自由释放的落石飞跃坡道，直接撞击至坡脚位置，而设置了引导式落石缓冲系统后，落石运动轨迹明显被约束，落石落点在坡道上，落石最终滚离坡道，表明引导式落石缓冲系统具有良好的压覆落石飞行高度、约束落石运动轨迹的作用。②对单个位置配重工况的试验研究表明，在靠近落石入射的Ⅰ位置配重，对落石运动的约束作用最大；在Ⅰ位置网中增加配重可以进一步降低落石冲击入网的高度，并迅速消减落石自转能量，对落石出射速率和动能的衰减率平均值可达到48.77%和73.76%；Ⅱ位置配重与Ⅲ位置配重的落石运动轨迹比较接近，但在Ⅱ位置配重对落石速率和动能的衰减作用强于在Ⅲ位置配重。③对组合配重工况的试验研究表明，组合配重方式比单位置配重的防护效果提升更加明显，落石的动能衰减率均在70%以上，较好地实现了缓冲落石冲击的目标，其中Ⅰ、Ⅱ位置配重的衰减作用最为显著，出射速率和动能衰减率平均值达到56.14%和80.76%。④161.0kg落石冲击与66.0kg落石冲击的试验对比表明，对更大质量(体积)的落石，防护网的约束和衰减作用有所减弱。

4.2　引导式落石缓冲系统的数值建模及验证

　　落石冲击试验是研究引导式落石缓冲系统的重要手段，但试图通过大量的冲击试验样本来分析落石的运动轨迹以及防护系统防护机制的做法，往往很难实现，因为落石冲击试验的场地、设备、环境等要求较高，且需要大量的人力物力，冲击平台建成后，如平台坡角、坡道反弹系数、挂网类型等变量的调控很难实现，所以试验的重复次数受限，同时，落石冲击的随机性强，控制变量多，因此很难仅通过试验分析得出引导式落石缓冲系统的定量性结论。4.1节对引导式落石缓冲系统进行了模型试验研究，研究了不同配重工况和落石质量对防护效果的影响。但由于落石的连续冲击会造成试验台架的刚度下降，落石在一级平台上反弹耗散的能量增加，导致入射速率降低，落石连续冲击防护网也使得冲击位置的网面发生隆起变形，因此试验次数受限。本节通过建立与模型试验对应的数值分析模型，并对多工况下的落石运动轨迹、运动速率和防护网变形形态进行对比验证，采用控制变量法考察了不同变量对防护系统的耗能机制、防护能力的影响规律，为提出引导式落石缓冲系统的设计理论奠定基础。

4.2.1　数值模型的建立

　　引导式落石缓冲系统的数值模拟以模型试验作为基础，参照试验时搭建的落石冲击台架建立对应的数值模型。采用的有限元前、后处理软件分别为ANSYS和Ls-PrePost。模型试验中的落石冲击平台为两级坡道、两级平台的设置，其中二级坡道的作用是为落石提供冲击速度。为了使数值模型更加简洁、缩短计算时间，数值模型中仅需建立一级平台与一级坡道的对照模型，所建立的有限元数值模型主要包括以下部分。

1. 落石块体

试验中落石是由钢筋笼浇筑混凝土而成，因此在数值模拟中定义落石密度为 2500kg/m^3，Solid 164 单元为 8 节点实体单元，可承担多种荷载施加方式，输出多种结果文件，具备一般性的单元特征，落石块体结构简单，需考察的运动特性多，因此采用 Solid 164 单元模拟落石，材料模型为刚体。建立的落石模型如图 4.31 所示。

2. 支撑绳

支撑绳连接在钢柱上，其主要功能是悬挂防护网和传递荷载，试验中的支撑绳为 $\phi 16$ 钢丝绳。在数值模拟中，以 Link167 单元模拟支撑绳，支撑绳材料密度为 7850kg/m^3，材料模型为*MAT_CABLE_DISCRETE_BEAM。根据材料试验结果，输入支撑绳材料的应力-应变关系：0.0-0.0, 1×10^{-5}, -1.5×10^9, 0.005-1.6$\times10^9$。建立的支撑绳模型如图 4.32 所示。

3. 立柱、一级平台和一级坡道

在模型试验中，以钢管和木板搭设冲击台架，立柱由钢管代替，在数值模拟中，主要考察防护网的运动和受力特性，因此立柱和坡道以线弹性模型模拟，立柱模拟采用 Solid164 单元，坡道和平台模拟采用 SHELL163 单元，如图 4.33 所示。

图 4.31　落石模型

图 4.32　支撑绳模型

图 4.33　立柱模型

4. 柔性防护网

模型试验所采用的防护网是一层 ROCCO 环形网，兼具金属材料的刚性特征和网状结构的柔性特征，如图 4.34 所示。ROCCO 环形网由相互勾连的 ROCCO 圆环组成，每个圆环网孔由 5 根高强钢丝盘结而成，每个网孔的直径为 300mm。防护网的网环连接方式使得网孔之间可以传递拉力，但不能完全传递弯矩，因此建立防护网模型时，网环间的套接方式通过自由度耦合的方式实现。引导式落石缓冲系统的防护网是悬挂在支撑绳上，其余三边自由铺展在坡道上，因此设置边界条件时不施加约束。在建立圆环模型时，由于每个圆环由 5 圈钢丝盘结而成，建模时很难实现，因此采用求解等效截面半径的方法进行简化。通过第 3 章单个 ROCCO 圆环力学性能的研究，可得盘结了 n 圈的 ROCCO 圆环，其截面半径等效公式为

$$r_1 = r \cdot n^{1/3} \tag{4.5}$$

式中，r_1 为等效截面半径，r 为圆环原始截面半径。

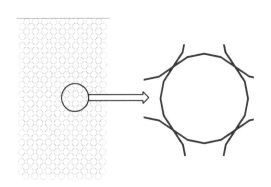

图 4.34　环形网模型

防护网所采用的 ROCCO 环形网材料为高强钢丝，在承受落石冲击时材料应变变化率较大，材料的塑性行为所受影响较大，因此模拟时采用 Cowper-Symonds 模型（Moaveni，2003），该模型能够考虑到单元失效及破坏情况，对于引导式落石缓冲系统，由于圆环之间的套接方式，任一圆环破坏就会导致 ROCCO 网断开，因此其破坏判定可定义为防护网有任一单元破坏时，即认为防护网已破坏。ROCCO 环形网的材料模型选择塑性随动强化模型*MAT_PLASTIC_KINEMATIC，材料参数如表 4.10 所示。在数值模拟时，考虑到落石与防护网之间为碰撞接触，且在防护网上的接触面不确定，因此定义接触类型为单面接触，即*CONTACT_AUTOMATIC_SINGLE_SURFACE。

表 4.10　ROCCO 环形网中高强钢丝的材料参数

材料类型	弹性模量 /GPa	屈服强度 /MPa	密度 /(kg/m³)	C	P	泊松比	极限应变
高强钢丝	196	1770	7850	40	5	0.3	0.05

在模拟中，施加了全局重力场后，首先模拟防护网自由垂坠在坡面上，如图 4.35 所示，然后落石入射，最终根据落石冲击模型试验建立了引导式落石缓冲系统的数值模型，如图 4.36 所示。

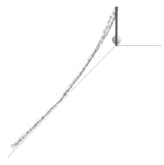

图 4.35　防护网垂坠示意图

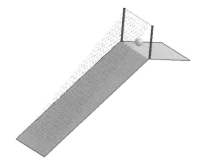

图 4.36　引导式落石缓冲系统的数值模型

建立引导式落石缓冲系统的数值模型后，本书进行了与落石冲击试验相同的各工况下的数值计算，以验证数值模型的可靠性。对比验证分为两部分进行，第一部分为落石运动轨迹与防护网形态对比验证，第二部分为落石运动速率对比验证。

在模型试验中考察了无配重，Ⅰ位置、Ⅱ位置、Ⅲ位置配重和Ⅰ、Ⅱ位置，Ⅰ、Ⅲ位置，Ⅱ、Ⅲ位置组合配重等多种工况，数值模拟中对照进行了模型试验相应工况的模拟。由于其中一些工况具有相似特征，因此为了节省篇幅，在对比验证数值模型时，单个位置配重工况中选择Ⅰ位置配重工况和Ⅰ位置附加质量工况进行分析，多位置配重工况中选择Ⅰ、Ⅱ位置配重工况进行分析，同时对 161.0kg 落石冲击工况也进行了对比分析。本节中仅对无配重工况的对比进行了介绍，其余工况的对比详见参考文献(崔廉明，2018)。

4.2.2 落石运动轨迹与防护网形态对比验证

在自然环境中，落石的运动轨迹具有很强的随机性，受多种因素影响，与之对应的防护网运动形态也存在多种变形趋势，无法保证在同工况下落石和防护网运动特性基本保持不变。而对于模型试验而言，落石块体(落石为球形，在各次冲击试验后无质量损失)以及试验环境具有同一性。落石冲击的模型试验中，试验台架的坡道、平台的表面特性、材料特性以及台架整体的刚度特性和强度特性，在相邻几次的落石冲击试验中可认为是基本不变的。基于此前提，在数值模拟和模型试验的相同工况下，从落石的运动轨迹和防护网的变形形态两个方面对比数值计算和模型试验结果，作为验证数值模型可靠性的判断指标。

在模型试验中，落石在一级平台上弹起并入射防护网，为了保证与模型试验工况一致，数值模拟中建立了一个高度控制平台(图 4.37 中绿色所示部分)，保证落石弹起后的入射角度与模型试验基本一致。

图 4.37　高度控制平台

1. 防护网形态与落石运动轨迹对比

将无配重工况下数值模拟得到的 66.0kg 落石冲击防护网时的变形与模型试验下防护网的变形进行对比，列出了几个关键时刻的变形图，如图 4.38 所示，两者得到的防护网变形形态比较接近。

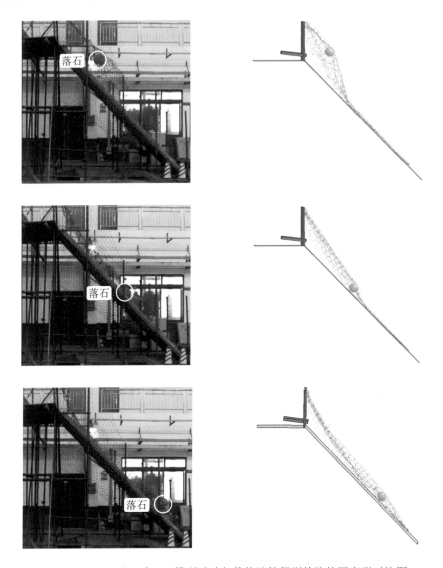

图 4.38   66.0kg 无配重工况模型试验与数值计算得到的防护网变形对比图

在无配重工况下，落石在防护网内的运动所受的压覆作用较小，但由于落石质量、体积不大，防护网在受到落石冲击时，仅上半部分隆起，下半部分发生沿坡道方向向上的平移，这就导致在防护网变形的底部出现类似于"布袋"式的形态。从模型试验与数值分析中均能明显观察到这种现象，如图 4.39 所示。对于边坡落石防护的实际而言，这种"布袋"式的形态可以防止落石冲击防护网后碎裂产生的小块落石从网底间隙飞出，有利于保证落石防护效果和交通线安全。

由模型试验和数值计算均可看出，在无配重工况下，落石落在一级坡道上后发生了反弹，解析高速摄像机的数据，可得试验中落石的反弹高度是 0.20m，而获取的数值计算中落石反弹高度是 0.15m，比较接近。

图 4.39　防护网的"布袋"式变形

　　根据落石球心的坐标变化绘制了落石运动轨迹,并与模型试验得到的落石运动轨迹进行对比,如图 4.40 所示,从图中可以看出:在落石接触坡道的落点之前,数值计算与模型试验得到的运动轨迹吻合,而落点后的过程中,模型试验得到的落石运动轨迹表现出落石有轻微反弹的现象,而在数值计算中,落石运动轨迹较为平直。其原因主要是对坡道的模拟中仅按照线弹性材料模型来考虑,忽略了模型试验所用木板材料的正交各向异性特征,坡道的实际反弹系数有一定的偏差。

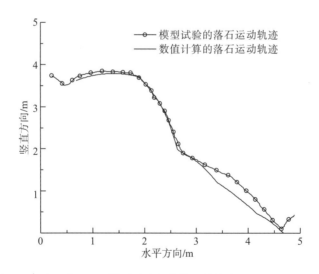

图 4.40　无配重工况下模型试验与数值计算的落石运动轨迹对比图

　　在模拟中简化考虑坡道的原因主要包括三点。①数值模型的主要考察对象为引导式落石缓冲系统,主要包含防护网、支撑绳、钢柱等结构构件,坡道不是防护系统的构件之一,坡道的材料特性不影响落石在防护网内的飞行运动过程,因此在数值模拟中简化坡道不影响数值模型与试验模型的对比验证。②在实际工程中,边坡特征的差异很大,不同的边坡环境理论上无法以同一材料模型来表征,因此对单一边坡环境的模拟很难具备典型性,也不能作为指导防护系统使用的依据。③本书研究重点关注的是落石冲击防护网到落石从防护网飞出之间的过程,将坡道简化为线弹性的,在工程上会偏于安全。综合以上三点,在数值计算中对坡道的模拟进行了简化,这也是造成模型试验和数值计算得到的落石运动轨迹在落石落点后的过程中差异较大的原因。而从落石运动轨迹的飞行运动过程的对比可以看出,数值计算得到的落石运动轨迹与模型试验比较吻合。

2. 落石运动速率对比

对落石运动速率的主要关注点为落石经历了在防护网内的运动后,从防护网底部滚出时的出射速率,落石出射速率主要反映了防护网对落石冲击的约束和缓冲作用。在实际工程中,落石以较低的出射速率滚出防护网才能保证落石顺利落在交通线两侧的落石槽中或被拦截住。因此对于引导式落石缓冲系统这类非拦截式防护系统而言,落石的出射速率是评估系统防护效果的重要参数。66.0kg 无配重工况下,落石运动速率的变化如图 4.41 所示,与模型试验同工况的对比如表 4.11 所示。从表中可知,数值模拟中落石的速率增量为 1.81m/s,模型试验中的落石速率增量分别为 1.88m/s 和 1.78m/s,试验中的平均落石速率增量为 1.83m/s。对比结果表明,数值计算得到的落石出射速率和落石速率增量均比较一致,证明在无配重工况下,数值模型较好地模拟了落石速率的变化趋势。由于落石动能衰减与落石速率衰减的平方呈正相关,因此动能衰减不再单独计算和对比。

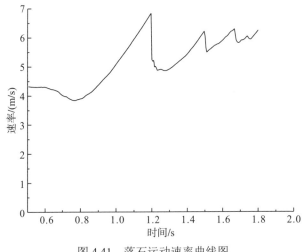

图 4.41 落石运动速率曲线图

表 4.11 66.0kg 落石无配重工况下落石运动速率与增量

试验次数或数值模拟	入射速率/(m/s)	出射速率(m/s)	速率增量/(m/s)	速率衰减/%
数值模拟	4.32	6.13	1.81	37.78
第 4 次试验	4.45	6.33	1.88	36.12
第 5 次试验	4.63	6.41	1.78	35.85
试验平均	4.54	6.37	1.83	35.98

4.2.3 小结

4.2 节在引导式落石缓冲系统模型试验的基础上，建立了与之对应的数值计算模型，开展了代表性工况下的数值计算，从防护网变形形态、落石运动轨迹、落石出射速率(增量)等方面，与模型试验进行了对比，验证了数值计算模型的可靠性，为后续引导式落石缓冲系统的参数化分析与设计研究奠定了基础。

4.3 引导式落石缓冲系统的参数化分析及设计理论初步研究

通过在无配重和多种配重工况下，对模型试验与数值计算得到的引导式落石缓冲系统的防护网变形、落石运动轨迹、落石出射速率等方面进行对比，验证了数值计算模型的可靠性。基于建立的数值模型，可以开展落石在引导式落石缓冲系统中的运动特性和防护网变形特性的参数化分析。

分析引导式落石缓冲系统防护作用的整体过程可知，影响防护性能的参数主要包括两类，分别是落石特性参数和防护网特性参数。其中，落石特性包括落石的尺寸、能级、入射特征等，确定的参数为落石体积、落石质量、落石入射速率、落石冲击高度等；防护网特性包括防护网的物理性质和附加性质，确定的参数为防护网自重和防护网配重。在参数化分析时，通过研究不同参数对落石运动轨迹、防护网变形模式和落石出射速率衰减、动能衰减等的影响，明确各参数与落石出射速率的相互关系，拟合各参数与落石出射速率的函数关系式，并给出关系曲线，为工程应用提供参考和依据。

引导式落石缓冲系统的参数化分析分为两步进行，第一步是明确引导式落石缓冲系统的防护目的和变形模式；第二步是对不同参数分别进行研究，根据不同的变形模式分析各参数与落石出射速率的变化关系。

4.3.1 引导式落石缓冲系统的防护目的和变形模式

引导式落石缓冲系统主要包括两部分，一是立柱和支撑绳组成的挂网结构，二是悬挂在支撑绳上的、下端开口的金属网。其结构特征决定了该防护系统的防护目的区别于拦截式的柔性防护系统，如柔性棚洞、被动防护网等。通过对落石运动的分析，可将落石的防护过程分为三个阶段，第一阶段为落石自由入射阶段，第二阶段为落石在防护系统内的运动阶段，第三阶段为落石运动的终止或逸出阶段。主动防护系统将落石压固在坡面上，以限制落石运动第一阶段，达到防护目的；被动防护系统通过金属网的大变形耗散冲击能量，以支撑绳、立柱组成的挂网结构将荷载传递至基础，最终使落石停止于被动防护网内；而对于引导式落石缓冲系统，落石运动的第一、二阶段与被动防护系统类似，但第三阶段不同，落石在引导式落石缓冲系统的初步阻挡作用后，继续向下滚落，最终低速离开防护网范围。传统柔性防护系统以拦截落石为目的，多由于金属网破断、挂网结构丧失支撑能力而破坏，引导式落石缓冲系统则不相同，其设计的核心理念是将拦截方式转变为对落石运动的约束和衰减方式，最终的防护目的是控制落石运动轨迹和衰减落石出射速率与出射能量。

在柔性防护系统中，主动防护系统、被动防护系统和引导式落石缓冲系统均是在边坡坡面上布置的，但三者的布置位置和布置范围有所区别，如图 4.42 所示。被动防护网一般布置在坡脚，作为落石的拦截结构；主动防护网的布置应覆盖存在潜在落石危害的整个坡面区域；引导式落石缓冲系统可在坡面上间隔布置，分段式限制落石运动轨迹，使落石最终滚落至坡脚的拦石槽中。

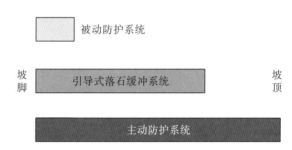

图 4.42   主动防护系统、被动防护系统和引导式落石缓冲系统的防护范围

对于引导式落石缓冲系统而言，在一次落石灾害中，当有 2 个或 2 个以上落石块体沿坡面向下滚落时，防护网的变形是持续性的，在前一块落石引起的防护网变形尚未完全恢复时，下一块落石可能已开始入射防护网，这样会造成第二块落石未被防护网阻拦而直接逸出。因此防护网的变形模式研究对防护多次落石冲击具有重要意义。引导式落石缓冲系统的防护网一边悬挂在支撑绳上，其余三边为自由边界，防护网在自重作用下覆盖在坡面上。在受到低速的落石冲击时，入射能量不足以使防护网完全飞离坡面，落石在防护网的压覆下向下运动，而防护网基本保持垂坠状态；在受到高速的落石冲击时，防护网会随着落石飞离坡面，翻卷折叠，可能丧失对后续落石的防护能力。

4.3.2   参数化分析

在明确了引导式落石缓冲系统的防护目的和变形模式后，可进行参数化分析。参数化分析遵循以下步骤：研究落石体积的影响—研究落石质量影响—研究落石入射速率影响—研究落石冲击高度(位置)影响—研究防护网自重影响—研究防护网配重影响。

4.3.3   落石体积对防护效果的影响

目前落石冲击试验的相关标准中，ETAG027(《落石防护栏石网欧洲技术认证指南》)中对落石模型形状做出了比较详细的规定，对于拦截类的防护结构，落石形状一般为二十六面体，但对帘式网的落石形状未做规定(Peila and Ronco，2009)。在自然界中，落石块体的形状各异，而球体是落石形状中运动阻力较小的形状之一，因此同样条件下运动速度更快。为了研究的方便，以及后文研究的统一性，本书中落石形状均假设为球体。实际上，在工程中非球体的落石由于有棱边、棱角，对拦截类的防护网威胁较大，而对于约束落石轨迹的拖挂类防护网而言，非球体落石与坡面之间的摩擦、碰撞更多，速度降低更快，一般不会造成更大的威胁。

在研究体积参数对防护效果的影响时，首先选定落石体积的变化范围。在工程实际中，频遇落石灾害的落石质量一般在 200.0kg 以内(阳友奎 等，2005；胡厚田，2001)。根据前一章对数值模拟过程的初步研究，落石质量为 161.0kg、初速度为 5.08m/s 条件下防护系统的防护性能仍旧良好。考虑到自然环境中落石的岩质分布较广，页岩、花岗岩等岩石密度一般为 1900.0～3800.0kg/m³，同时自然环境中落木、土块等也会发生滚落，因此扩大落石块体的密度范围，设置为 480.0～3800.0kg/m³，将落石的质量定为 200.0kg，则落石体积的变化范围可通过计算获得，为 0.053～0.417m³。

定义落石在防护网上的映射面积与防护网开口面积比为 ξ，则有

$$\xi = \frac{\pi D^2 \cos\alpha}{h \cdot s} \tag{4.6}$$

式中，D 为落石块体的直径；α 为初始模型中防护网与钢柱的夹角；h、s 分别表示挂网立柱高度和立柱间距。

面积比 ξ 表征了落石块体在尺寸上与防护网开口大小的相对关系，ξ 取值越大，说明落石块体的尺寸更大，更接近防护系统的可防护的尺寸极限。通过式(4.6)计算得出，所选的落石体积范围对应的 ξ 范围是 0.064~0.258，其投影范围如图 4.43 所示。从图中可以看出，所选定的体积范围上限已接近所选用的防护网的开口高度极限。

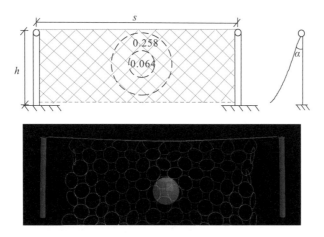

图 4.43　模型试验与数值模型的面积比(落石投影范围)示意图

在对落石体积的参数化分析中，在密度范围内分别选取 480kg/m³、600kg/m³、1000kg/m³、1500kg/m³、2000kg/m³、2500kg/m³、3000kg/m³、3800kg/m³。对应的落石体积为 0.417m³、0.333m³、0.200m³、0.133m³、0.100m³、0.080m³、0.067m³、0.053m³。

根据相关落石统计资料和引导式落石缓冲系统的功能特点，结合前述研究的相关结论，定义引导式落石缓冲系统的防护速度范围在 15.0m/s 以内。根据防护网的防护目的

和变形模式，引导式落石缓冲系统在低速冲击下，主要作用是衰减落石出射速率，使落石沿坡面滚动逸出；在高速冲击下，主要作用是通过防护网的翻卷、折叠、包裹等大变形显著降低落石出射速率。因此参数化分析中的主要判别指标确定为防护网形态和落石出射速率。

首先考察落石低速冲击工况下落石体积对防护效果的影响。落石入射速率分别设置为4.0m/s、5.0m/s、6.0m/s。在低速冲击中，以5.0m/s工况为例进行说明。

（1）防护网形态。在5.0m/s的入射速率下，对各个体积工况的模拟结果显示，落石均在防护网内被压覆到坡道上，在坡道上发生反弹，最终沿坡道滚动逸出防护网，以体积为0.2m^{3}的落石为例，冲击过程如图4.44所示。

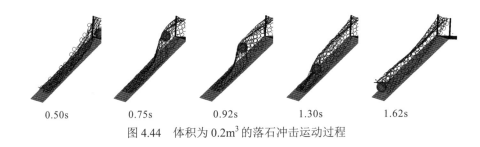

| 0.50s | 0.75s | 0.92s | 1.30s | 1.62s |

图4.44　体积为0.2m^{3}的落石冲击运动过程

对防护网的形态分析可知，落石在防护网的压覆下，飞行高度逐渐下降，在图4.44中的0.92s和1.30s时刻，可看到防护网下端的变形类似于"布袋"式。"布袋"式变形对于防护效果有积极影响。在自然环境中，风化的页岩、砂岩等落石块体在冲击到防护系统时，极易发生破裂，产生细碎落石，而"布袋"式变形可以避免这些细碎落石从防护网与坡面间的间隙漏出，造成人员和设施损伤。

2. 落石出射速率

体积为0.2m^{3}的落石的速率变化如图4.45所示，图中竖向坐标的速度指的是落石竖向和水平向速度叠加的绝对值。

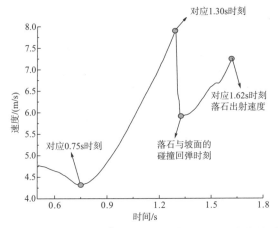

图4.45　体积为0.2m^{3}的落石的速率随时间的变化关系

在速率变化图中，发现落石的速率变化为分段式，将落石速率的变化分为三个阶段，其中 0.50~0.75s 为第一阶段，0.75~1.3s 为第二阶段，1.30~1.62s 为第三阶段。在 0.5~0.75s 这个阶段，落石水平速度的衰减大于落石竖向速度的增加，因此表现出的趋势是落石的速率在减小，0.75s 时刻时，落石的速率降到最低；在 0.75~1.30s 这个阶段，落石斜向下运动，落石的重力势能转换为动能，落石的速率逐渐增大，1.30s 时，落石的速率增加到最大，此时落石接触坡面；在 1.30~1.62s 这个阶段，落石斜向冲击坡面，落石的速率降低，之后回弹，落石的速率逐渐增大，对应 1.62s 时，落石滚离防护网。

本节按照相同方法分析了其他体积工况的落石速率变化，注意到在低速冲击下，落石在防护网内都发生了反弹，而随着体积的增大，落石接触坡面的水平位置更靠近入射点，以体积为 0.053m³、0.200m³ 和 0.333m³ 的落石对比为例，如图 4.46 所示，落石反弹点距入射位置的距离分别为 4.39m、3.58m 和 3.25m。由此可推断出，对较大体积的落石，防护网对其反弹过程可起到一定的约束作用，能进一步降低落石的能量。

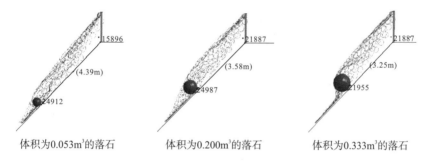

图 4.46　不同体积落石在坡道上的落点距入射位置的距离

质量为 200.0kg、体积不同的落石在入射速率为 5.0m/s 时的出射速率如表 4.12 所示，从表中可知，在相同的入射动能下，防护网对落石出射速率和动能的衰减效果随落石体积增加而增加，其原因是更大的表面积使得落石在防护网中运动时有更多的冲击动能转化为摩擦能，因此表现出的防护效果更好。

表 4.12　质量为 200kg、体积不同的落石在 5m/s 速度工况下的数值计算结果

落石体积/m³	出射速率/(m/s)	出射速率衰减率/%	动能衰减率/%
0.053	7.24	28.80	49.31
0.067	7.12	29.98	50.97
0.080	7.00	31.16	52.61
0.100	6.94	31.75	53.42
0.133	6.88	32.34	54.22
0.200	6.89	32.24	54.09
0.333	6.80	33.13	55.28
0.417	6.77	33.42	55.67

根据表 4.12 中的数据，通过异速指数函数对落石出射速度随体积的变化关系进行拟合，有

$$v_b = mV^n \tag{4.7}$$

式中，v_b 表示落石反弹时的速率；V 表示落石体积；m、n 为拟合参数，分别有 $m = 6.570$，$n = -0.028$。

通过对 5.0m/s 入射速率的落石冲击研究发现，当入射速率相同时，体积不同的落石反弹位置不相同，反弹位置越近，越有利于防护网约束落石的反弹过程，而反弹位置靠近防护网底部时，落石反弹后射出的速率会明显提高。那么应当存在一个入射速率，使得落石恰好在与坡道接触时逸出防护网。经过入射速率每次递增 0.20m/s 的迭代试算，发现入射速率约为 6.0m/s 时，落石恰好逸出，将这个入射速率称为特征速率。由于试算间隔为 0.20m/s，所以得出的特征速率应在 6.0m/s 左右的一个小区间内，为便于分析说明，取 6.0m/s 为该模型的特征速率，对该速率下的落石冲击过程进行分析。

(1) 防护网形态。落石入射速率为 6.0m/s 时，体积为 0.067m³ 的落石的冲击过程如图 4.47 所示。从图中可以看出：入射速率为 6m/s、体积为 0.067m³ 的落石恰好在从防护网飞出时与坡道发生反弹(1.42s 时刻)。保持落石的冲击速度不变，变换落石的体积进行计算发现，当落石的入射速度在 6.0m/s 时，落石体积对落石落点在水平方向位置的影响很小，基本均位于同一落点附近。

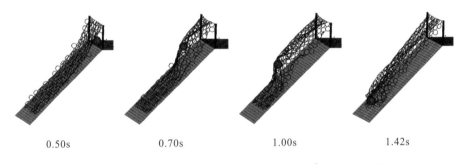

|0.50s|0.70s|1.00s|1.42s|

图 4.47　落石冲击速率为 6m/s、体积为 0.067m³ 时的冲击过程

(2) 落石出射速率。由于落石在反弹前基本已经逸出防护网的防护范围，因此对于入射速率为 6.0m/s 时的情况，可认为落石接触坡面时的速率即为落石的出射速率，这在工程上是偏安全的。对应图 4.48 所示工况下，落石的运动速率变化如图 4.49 所示。对图 4.49 分析可知，落石在防护网内的运动阶段，其速率变化为先减小后增大，分别对应于落石冲击到防护网阶段和落石水平运动趋势被消减后的下降阶段。在 0.70s 时刻，落石高度达到最高点，落石速率降低到最低点，随后逐渐增大，在 1.42s 时刻，落石即将逸出防护网，此时落石的速率达到最大。

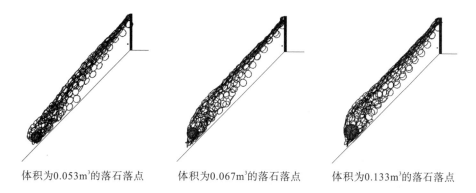

| 体积为0.053m³的落石落点 | 体积为0.067m³的落石落点 | 体积为0.133m³的落石落点 |

图 4.48　入射速率为 6.0m/s 时，不同体积落石水平位置基本一致

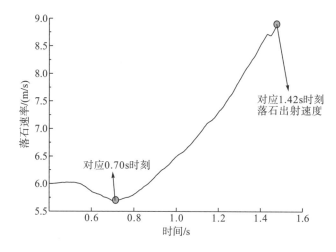

图 4.49　体积为 0.067m³ 的落石在速率为 6.0m/s 时的落石速率随时间的变化关系

提取了各工况下落石的出射速率以及各工况下落石在反弹时的时间进行对比，如表 4.13 所示。表 4.13 中给出了冲击速率为 6.0m/s、体积不同的工况下落石出射速度、速度和动能的衰减率。从表中可以看出：当落石在入射速率为 6.0m/s 时，系统的对落石速率和能量的衰减率最低，速率衰减率最低为 17.44%，动能衰减率最低为 31.54%。

表 4.13　入射速率为 6m/s、体积不同的工况下落石出射速率、速率和动能的衰减率

落石体积/m³	反弹时的时刻/s	落石出射速率/(m/s)	速率衰减率/%	动能衰减率/%
0.053	1.420	8.48	20.72	37.14
0.067	1.410	8.85	17.26	31.54
0.080	1.410	8.75	18.19	33.07
0.100	1.405	8.72	18.47	33.53
0.133	1.375	8.77	18.01	32.77
0.200	1.380	8.75	18.19	33.07
0.333	1.365	8.80	17.72	32.31
0.417	1.350	8.83	17.44	31.85

根据表 4.13 中整理得到的落石出射速率，对落石出射速率与体积的关系进行函数拟合，有

$$v_{\text{out}} = a + bV \qquad (4.8)$$

式中，v_{out} 表示落石出射速率；V 表示落石体积，拟合参数 $a = 8.669$，$b = 0.416$。

(1)防护网形态。在高速冲击中，落石运动轨迹和防护网变形特征与低速冲击差异很大，在数值计算中发现，所有测试体积落石在入射速率为 15.0m/s 时均飞出防护网，防护网完全飞离坡面，发生翻卷，以体积为 0.08m³ 的落石冲击工况为例。其运动过程如图 4.50 所示。从图中可知，落石从 0.50s 时刻入射，到 1.42s 逸出，整个运动过程的时间为 0.92s。当落石运动到 0.90s 时，防护网被拉起并与坡道分离，其后随着落石位移继续增加，防护网开始翻折，防护网底部翻卷并完全包裹落石，落石在防护网包裹下向前运动，并迫使防护网逐渐展开，最终在 1.42s 时刻逸出。根据防护网的变形模式，引导式落石缓冲系统丧失对后续落石的防护能力。

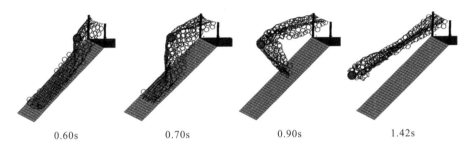

| 0.60s | 0.70s | 0.90s | 1.42s |

图 4.50 体积为 0.80m³ 的落石在入射速率为 15m/s 时的防护网变形过程

(2)落石出射速率。15m/s 入射速率下，落石在防护网的约束作用下向下飞落，其运动速率变化如图 4.51 所示。对图 4.51 进行分析，落石从 0.50s 时刻释放后，速率逐渐减小，与时间的变化关系呈近似的开口向上的抛物线，最终逸出时的速率为 5.59m/s。不同

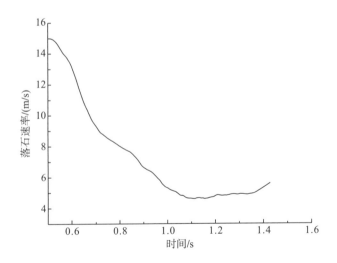

图 4.51 体积为 0.80m³ 的落石在入射速率为 15m/s 时的落石速率随时间变化关系

体积工况下，落石速率变化趋势基本相同，但从防护网逸出时的出射速率均不相同。表 4.14 给出了入射速率为 15m/s、体积不同的工况下落石出射速率、速率和动能的衰减率，从表中可知，各体积的落石均以不超过 7m/s 的速率逸出防护网，落石出射速率衰减率超过 60%，落石动能衰减率超过 85%，表明防护网的变形、翻卷充分吸收了落石冲击能量，极大衰减了落石的速率增长。与低速率冲击下的落石运动速率对比表明，引导式落石缓冲系统对高速率冲击的缓冲和吸能性能更好，对于单次落石的防护更加有效，但是防护网飞离坡面的高度过高，无法满足对一定规模的落石灾害中的后续落石冲击的防护需求。

表 4.14　入射速率为 15m/s、体积不同的工况下落石出射速率、速率和动能的衰减率

落石体积/m³	出射速率/(m/s)	速率衰减率/%	动能衰减率/%
0.053	4.68	73.13	92.78
0.067	5.48	68.54	90.10
0.080	5.34	69.34	90.60
0.100	5.40	69.00	90.39
0.133	5.50	68.42	90.03
0.200	5.73	67.10	89.18
0.333	5.95	65.84	88.33
0.417	6.30	63.83	86.92

根据表 4.14 整理得到的结果，对落石出射速率随落石体积变化的规律进行函数拟合，有：

$$v_{\text{out}} = m \cdot V^n \tag{4.9}$$

式中，v_{out} 表示落石出射速率；V 表示落石体积；m、n 为拟合参数，分别有 $m=6.79$，$n=0.1$。

综上研究，在低速率和高速率的落石冲击下，落石出射速率随落石体积的变化规律并不相同，落石出射速率变化以特征入射速率 6.0m/s 为分界线。因此，将式(4.8)和式(4.9)联立在一起，有

$$v_{\text{out}} = \begin{cases} a + bV & v_{\text{in}} = 6 \\ mV^n & 0 < v_{\text{in}} < 6 \text{或} 6 < v_{\text{in}} < 15 \end{cases} \tag{4.10}$$

式中，v_{in} 表示落石入射速率，其余符号定义与前文相同。式(4.10)中，当 $0 < v_{\text{in}} < 6$ 时，$m = 6.57$，$n = -0.028$，当 $6 < v_{\text{in}} < 15$ 时，$m = 6.79$，$n = 0.1$。

图 4.52(a)为入射速率为 5.0m/s、15.0m/s 和 6.0m/s 时落石出射速率的变化柱状图，图 4.52(b)给出了落石出射速率随体积变化的基本趋势。落石出射速率在特征入射速率时发生跃迁，并且在特征速率处不连续，原因是入射速率约等于特征速率时，落石第一次接触坡道就处于离开防护网范围的临界位置，落石反弹后的运动已在防护范围之外，因此表现出较大的随机性。特征速率线右侧为入射速率大于特征速率的高速区，左侧为入射速率小于特征速率的低速区，落石体积沿横轴向两侧递增，纵轴为落石出射速率，以对应点的高度表示。从图中可知，低速冲击下，落石出射速率随体积增大而减小；在特征速率(6.0m/s)冲击下，变化趋势不明显，落石出射速率为 8.0~9.0m/s；高速冲击下，落石速率衰减效

果显著，出射速率随体积增大而增大，出射速率最大值不超过 6.56 m/s。

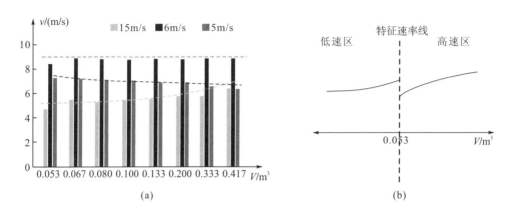

图 4.52　入射速率为 5.0m/s、15.0m/s 和 6.0m/s 时落石出射速率的变化柱状图和趋势图

对防护网防护形态的分析表明，在高速入射(15.0m/s)时，防护网完全飞离坡面，对后续落石丧失防护能力；而在 6.0m/s 速率及以下，防护网基本保持垂坠状态，改变了落石的运动轨迹，达到了防护的效果。

4.3.4　落石质量对防护效果的影响

落石的质量与落石的体积都是落石块体的自身特性，但二者的不同在于，落石质量与冲击能量成正比，而体积与冲击能量大小无关。因此对落石质量的参数化进行分析时，应将落石的冲击能量考虑在内。通过落石体积对防护效果的参数化分析可知，防护网对于不同速率的落石冲击存在两种不同的变形模式。因此在不同质量落石的模拟工况中，设计了大速率和较小速率冲击的两类工况，以模拟相同落石质量、不同冲击能量的落石在防护网的不同变形模式下对防护效果的影响。与体积参数分析方法类似的，在进行落石质量分析时，将落石体积作为不变量，根据前述研究，以 0.08m³ 作为参考落石体积，选定密度为 480kg/m³、600kg/m³、1000kg/m³、1500kg/m³、2000kg/m³、2500kg/m³、3000kg/m³、3800kg/m³ 后，落石质量分别为 38.4kg、48kg、80kg、120kg、160kg、200kg、240kg、304kg。

首先进行低速率冲击工况的模拟，落石冲击速率为 5.0m/s。

(1)防护网形态分析。对各个不同质量的落石以 5.0m/s 速率冲击防护网的过程模拟发现，随着落石质量的增加，落石在坡道上的落点位置更远，以 38.4kg、80.0kg、200.0kg 的落石对比为例，如图 4.53 所示。

由于不同质量的落石接触坡道的位置都在防护网范围内，防护网变形特征基本一致，因此以 160.0kg 落石冲击为例，进行分析说明，如图 4.54 所示。

从图中可以看出，防护网在整个变形过程中基本保持垂坠状态，压覆落石向下运动，防护网变形特征与体积参数分析时低速冲击下的情形一致，达到了改变落石运动轨迹的目的。

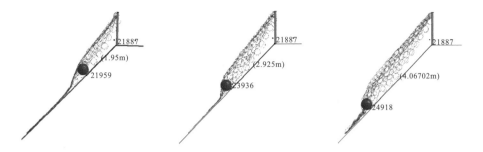

图 4.53　质量为 38.4kg、80.0kg、200.0kg 的落石在坡道上的落点距入射位置的距离

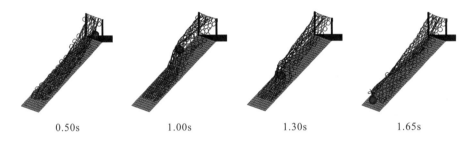

图 4.54　质量为 160kg 的落石在入射速率为 5m/s 时的落石冲击过程

（2）落石出射速率。质量为 160.0kg 的落石在整个运动过程中的速率变化如图 4.55 所示。从图中可知，落石速率先减小后增加，在与坡道发生碰撞时落石速率最大，此时由于接触反弹，落石速率突降，其后再次增加，最终逸出防护网。结合体积参数分析时的落石速率变化可知，当防护网不飞离坡面时，落石速率变化基本一致。

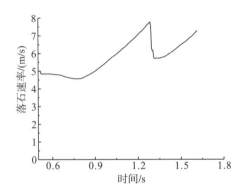

图 4.55　质量为 160.0kg 的落石在运动过程中的速率随时间的变化关系

需要注意的是，在防护网约束作用下，38.4kg 落石和 48.0kg 落石的运动速率衰减非常显著，因此其速率变化趋势有所不同，以 38.4kg 落石为例，如图 4.56 所示，其速率变化特征是：①1.08s 时刻前，落石的速率变化趋势与其他质量落石一致；②1.08s 时刻后，落石速率呈小幅振荡式下降，此阶段落石在坡道上滚动，由于落石质量与防护网自重的比值较小，防护网与落石之间的摩擦起到主要的缓冲吸能作用。

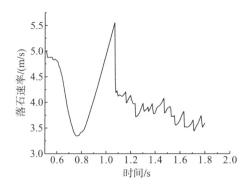

图 4.56　质量为 38.4kg 的落石在运动过程中的速率随时间的变化关系

　　表 4.15 给出了入射速率为 5.0m/s 工况下，质量不同的落石的出射速率、速率衰减率和动能衰减率。从表中可以看出，对于小质量落石，防护系统的缓冲和衰减作用非常显著，38.4kg 和 48.0kg 落石的出射速率衰减率和动能衰减率均在 65%和 87%以上，但质量超过80.0kg 后，衰减率迅速下降，其后衰减率随落石质量增加而减小。

表 4.15　入射速率为 5m/s、质量不同的工况下落石出射速率、速率衰减率和动能衰减率

落石质量/kg	落石出射速率/(m/s)	速率衰减率/%	动能衰减率/%
38.4	3.40	66.56	88.82
48.0	3.55	65.09	87.81
80.0	5.69	44.04	68.69
120.0	6.74	33.72	56.07
160.0	7.15	29.69	50.56
200.0	7.08	30.37	51.52
240.0	7.33	27.92	48.04
304.0	7.50	26.24	45.60

　　根据试验结果，分别绘制了落石出射速率随质量变化的关系曲线，并进行函数拟合（由于 38.4kg 和 48.0kg 落石质量较小，入射防护系统后基本被防护网完全拦截，其后缓慢滚动逸出防护网，因此在拟合时从质量为 80.0kg 的落石开始）。拟合得到的落石出射速率随质量的函数关系为

$$v_{out} = a_{m1} + b_{m1}m \tag{4.11}$$

式中，v_{out} 表示落石出射速率；m 表示落石质量；拟合参数 $a_{m1} = 6.574$，$b_{m1} = 0.007$。

　　下面开展落石高速入射的工况分析，设置入射速率为 15.0m/s。通过对所有设定工况的模拟，发现 38.4kg 落石和 48.0kg 落石与其他更大质量落石冲击时的防护网形态、落石轨迹均不同。以 38.4kg 和 120.0kg 落石为例（图 4.57 和图 4.58）。从图中可以看出，大质量落石和小质量落石在冲击过程中（1.00s 时刻）和逸出时刻的动态特征不一致，主要表现为小质量落石冲击使防护网中部迅速隆起，底部仍覆于坡面，大质量落石使防护网完全飞离坡面，防护网在落石拖动下翻卷折叠。

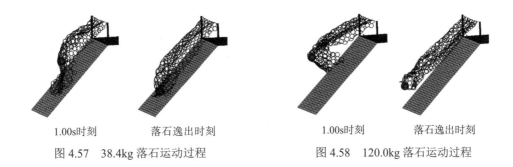

| 1.00s时刻 | 落石逸出时刻 | | 1.00s时刻 | 落石逸出时刻 |

图 4.57　38.4kg 落石运动过程　　　　　　　图 4.58　120.0kg 落石运动过程

　　结合落石的水平速率变化曲线，对落石运动形态的差异性进行分析，如图 4.59 所示。经过对比分析，可知：①38.4kg 落石从 0.50s 入射后，水平速率值迅速降低，水平速率降为 4.0m/s 时的时刻为 0.68s，其后曲线出现一段平台期，原因是防护网受冲击后飞起，与落石脱离接触，直至 0.94s 时刻再次接触，落石水平速率继续降低。②120.0kg 落石从 0.50s 时刻入射后，水平速率持续减小，无明显平台阶段，水平速率降为 4m/s 的时刻为 1.10s。③结合落石的运动过程图，可知 38.4kg 落石冲击使得防护网隆起后脱离接触，防护网底部未飞起，因此存在水平速率变化的平台阶段，而 120.0kg 落石使得防护网不断变形翻卷，完全飞离坡面，所以落石水平速率持续减小。

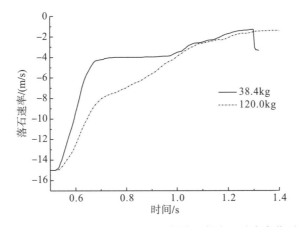

图 4.59　质量为 38.4kg 和 120.0kg 的落石的水平速率变化对比

　　(2)落石出射速率。落石在 15.0m/s 入射速率下，逸出防护网时的情况因质量不同而分为两类，其中 38.4kg 和 48.0kg 落石在坡面上反弹时逸出防护网，其他质量落石未接触坡面。模拟得到的速率结果如表 4.16 所示。

表 4.16　落石出射速率、速率衰减率及动能衰减率

落石质量/kg	落石出射速率/(m/s)	出射速率衰减率/%	动能衰减率/%
38.4	7.39	57.57	82.00
48.0	7.99	54.13	78.96

落石质量/kg	落石出射速率/(m/s)	出射速率衰减率/%	动能衰减率/%
80.0	5.42	68.88	90.32
120.0	5.95	65.84	88.33
160.0	6.02	65.44	88.06
200.0	6.23	64.23	87.21
240.0	6.34	63.60	86.75
304.0	6.50	62.68	86.07

根据表 4.16 所示落石出射速率随质量的变化关系，采用一次线性函数拟合了其关系。在拟合中不考虑 38.4kg 和 48.0kg 落石工况。拟合的函数为

$$v_{\text{out}} = a_{m2} + b_{m2}m \tag{4.12}$$

式中，v_{out} 表示落石出射速率；m 表示落石质量；拟合参数 $a_{m2}=5.27$，$b_{m2}=0.004$。

对高速入射和低速入射下落石出射速率随质量的变化关系分析可知，出射速率与质量为线性正比关系，在低速模式和高速模式下的区别主要是拟合系数的不同，低速冲击时曲线斜率较小，截距较大，整理后可得到

$$v_{\text{out}} = a_m + b_m m \tag{4.13}$$

式中符号定义与前相同。当 $v_{\text{in}}<6$m/s 时，$a_m=6.574$，$b_m=0.007$；当 $6\leqslant v_{\text{in}}\leqslant 25$m/s时，$a_m=5.27$，$b_m=0.004$。

4.3.5 落石入射速率对防护效果的影响

在交通线建设工程中有一项重要的工作，就是沿线危险边坡的工程地质测绘工作，对可能发生落石灾害的陡坡区及相邻地段应进行详细的地形和微地貌勘测，包括植被组成，岩性分布，风化和侵蚀差异，边坡上的裂缝情况，地下水出露以及地震、崩塌、落石灾害的历史记录等，确定边坡上易发生岩石块体滚落的敏感区域，测算区域高度，就可以得到边坡潜在落石灾害的落石入射速率的范围（Dorren and Sejimonsbergen，2003；Kromer et al.，2017）。根据工程经验和前述内容的参数化研究，将落石的入射速率分别取为 4.0m/s、5.0m/s、6.0m/s、8.0m/s、10.0m/s、15.0m/s、20.0m/s 和 25.0m/s。落石质量、体积作为不变量，根据前述参数化分析，落石质量为 200.0kg、体积为 0.067m³ 时，会出现特征速率情况，因此速率分析时选择该工况进行分析。

1. 防护网形态

防护网在一次落石冲击后的变形形态直接影响对二次落石冲击的防护能力，对不同入射速率下的防护网在变形过程中和冲击完成时的形态进行对比分析，以 6.0m/s、8.0m/s、15.0m/s 和 25.0m/s 为例，如图 4.60 所示。

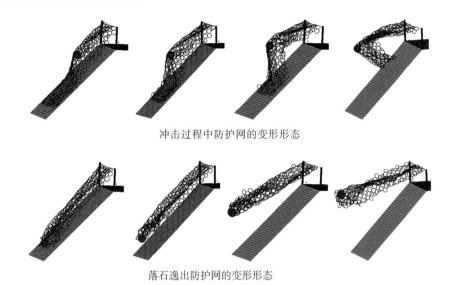

冲击过程中防护网的变形形态

落石逸出防护网的变形形态

图 4.60 不同入射速率工况下（6.0m/s、8.0m/s、15.0m/s 和 25.0m/s），
防护网在落石冲击中的变形形态（冲击过程中和逸出时刻）

从图 4.60 中可知，随着入射速率增大，防护网变形更剧烈，飞离坡面的高度也越高；当入射速率超过 10.0m/s 时，防护网在落石冲击下发生翻卷。当防护网受到冲击时，网面内收，随着入射速率增大，内收幅度增加并出现翻卷，其正视图如图 4.61 和图 4.62 所示。

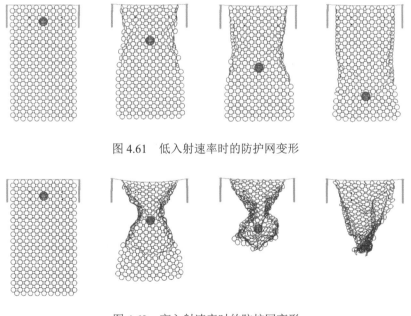

图 4.61 低入射速率时的防护网变形

图 4.62 高入射速率时的防护网变形

从图中分析可知，防护网在低速入射时和高速入射时的变形形态差异较大，低速入射下防护网两侧内收幅度较小，主要为压覆模式，高速入射下防护网网腰明显内收，底部向

上翻起折叠，主要为翻卷模式。从防护网飞离坡面的情况来看，压覆模式防护网基本保持垂坠状态，具有较完备的二次落石冲击防护能力，翻卷模式防护网完全飞离坡面，防护网的剧烈变形大量耗散了落石冲击能量，但落石逸出高度较高，防护网对二次落石的防护能力下降较多。

2. 落石出射速率

表 4.17 给出了不同入射速率情况下，落石质量为 200.0kg、体积为 0.067m^3 时的出射速率、速率和动能衰减率。根据数据点拟合得到的落石出射速度一次函数关系式如下：

$$v_{out} = p + qv_{in} \tag{4.14}$$

式中，p、q 为拟合参数，其他符号定义与前相同。当 $v_{in} < 6m/s$ 时，$p = 2.165$，$q = 1.085$；当 $6m/s \leqslant v_{in} \leqslant 25m/s$ 时，$p = 10.662$，$q = -0.374$。

表 4.17　不同入射速率下质量为 200kg、体积为 0.067m^3 落石的出射速率、速率衰减率和动能衰减率

入射速率/(m/s)	出射速率/(m/s)	速率衰减率/%	动能衰减率/%
4	6.68	31.25	52.73
5	7.24	28.80	49.31
6	8.85	17.26	31.54
8	7.15	40.08	64.10
10	6.98	47.74	72.69
15	5.48	68.54	90.10
20	2.30	89.48	98.89
25	1.81	93.18	99.53

从表 4.17 中可以看出，落石出射速率随入射速率的变化先增大再减小，在特征速率为 6.0m/s 处，出射速率最大，为 8.85m/s，在低于特征速率的低速区，出射速率随入射速率的增加而增加，在高于特征速率的高速区，出射速率随入射速率的增加而减小。这种折线型变化规律是与防护网变形模式相协调的，压覆模式下落石在逸出防护网前接触坡道，逸出时是沿坡道滚离防护网，落石入射速率越高，在坡道上的落点就越靠近逸出位置，则防护网对落石滚动阶段的压覆约束作用越小，落石逸出时速率越大；翻卷模式下防护网剧烈变形，翻折包裹落石，入射速率越高，防护网的翻卷包裹作用越显著，变形越剧烈，耗散了更多的冲击能量，因此落石出射速率下降。这种情况接近被动防护网，通过网的弹塑性变形吸收落石的能量，但这种变形模型一定程度上会增大系统受到的冲击荷载，同时会破坏防护网等，这与引导式落石缓冲系统的防护目的不一致，不能有效地引导落石滚动到指定的区域。

4.3.6　落石冲击高度对防护效果的影响

在工程应用中，在边坡上布置引导式落石缓冲系统，可根据边坡实际情况对挂网开口

和立柱前的小面积场地进行平整，使边坡斜面形成折线型，更好地发挥引导式落石缓冲系统的防护能力，如图 4.63 所示。

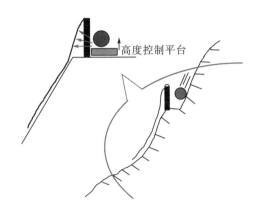

图 4.63　高度控制平台示意图

落石冲击入射防护网可能产生的入射角度与实际边坡地形地貌直接相关，而对于防护网上的同一冲击位置而言，落石水平入射是偏危险工况(Gao et al., 2018)。在考察落石冲击高度对防护效果的影响时，在防护网入口前建立了一个高度控制平台，落石入射角度均为水平入射，高度控制平台与一级平台的高差分别为 0.10m、0.20m、0.30m、0.40m、0.50m 和 0.60m。所模拟的工况中落石质量为 200.0kg，体积为 0.067m^3，入射速率为 6.0m/s，此时特征速率对应落石临界逸出状态，即落石逸出时恰好与坡道接触。

1. 防护网形态

在不同入射高度情况下，落石在坡道上的落点位置不同，如图 4.64 所示。通过数据处理后可以得到落石落点与入射位置间水平投影方向上的距离，计算结果如表 4.18 所示。随着落石入射高度的增加，落点位置与入射位置的距离逐渐减小，二者呈反比关系，拟合可得到其函数关系式，有

$$s = 5.39 - 1.79h \tag{4.15}$$

式中，s 为落点位置与入射位置的距离，h 为落石入射高度。

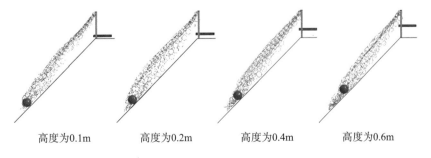

高度为0.1m　　　高度为0.2m　　　高度为0.4m　　　高度为0.6m

图 4.64　不同入射高度下落石在坡道上的落点

表 4.18　落石落点与入射位置间水平投影方向上的距离　　　　　　　　　（单位：m）

控制平台高度	落点位置与入射位置的水平投影距离
0	3.79
0.1	3.68
0.2	3.56
0.3	3.44
0.4	3.33
0.5	3.22
0.6	2.99

2. 落石出射速率

落石在坡道上的落点位置不同意味着落石滚动距离不同，那么出射速率不相同，对落石出射速率分析如表 4.19 所示。从表中可知，落石入射高度增加，落石出射速率、速率和动能衰减率随高度变化并无显著的递增或递减规律，但当落石入射高度在 0.4m 时（立柱高度的中间位置时），落石出射速率最低，出射速率衰减率和动能衰减率最高。

表 4.19　落石冲击高度不同时，落石出射速率、速率衰减率和动能衰减率计算结果

控制平台高度/m	落点出射速率/(m/s)	出射速率衰减率/%	动能衰减率/%
0	8.85	17.26	31.54
0.1	6.70	37.36	60.76
0.2	6.51	39.13	62.95
0.3	6.71	37.27	60.64
0.4	6.09	43.06	67.58
0.5	6.43	39.88	63.86
0.6	6.40	40.16	64.20

4.3.7　落石形状对防护效果的影响

在数值计算中，落石的形状被简化为球体，而在自然界中，落石块体的形状各异。对于防护网而言，带棱角的落石高速冲击可能造成防护网局部破断，尤其是对拦截类的防护网威胁较大，而引导式落石缓冲系统一般用来防护入射速率低于 15.0m/s 的落石冲击，因此防护网的强度一般可以保证不发生局部破断，且前述研究中已指出，引导式落石缓冲系统的防护目的是落石以较低的出射速率和较低的运动轨迹离开防护网范围，因此本节对不同形状的落石冲击引导式落石缓冲系统进行分析，以验证落石形状为球体是一种偏安全的考虑。

落石形状分别选择了球体、六面体和正二十六面体，其中球体代表无明显棱角的落石块体，六面体代表有明显棱角的落石块体，正二十六面体是欧洲落石试验规范中规定的被动防护网测试时的落石块体形状。模拟选取的落石质量为 80kg，分别模拟了 5.0m/s 和 15.0m/s 两种入射速率的工况。

1. 入射速率为 5.0m/s 时各工况下的防护网形态

六面体落石和正二十六面体落石工况下的防护网形态如图 4.65~图 4.67 所示。从三种落石形状冲击下的防护网形态对比来看，在较低入射速率(5.0m/s)下，虽然落石块体的形状不同，但防护网形态区别不大，六面体落石和正二十六面体落石在冲击过程中有一定的翻滚，且均在防护网压覆下运动，落石运动轨迹没有太大改变，落石最终仍是从防护网末端贴着坡道离开防护范围。

图 4.65　落石入射速率为 5.0m/s 时球体落石入射时的防护网形态

图 4.66　落石入射速率为 5.0m/s 时六面体落石入射时的防护网形态

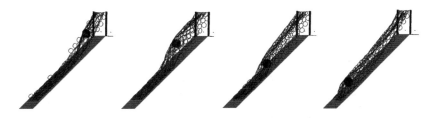

图 4.67　落石入射速率为 5.0m/s 时正二十六面体落石入射时的防护网形态

2. 入射速率为 5.0m/s 时各工况下的落石运动速率

在三种落石形状情况下，落石的运动速率变化如图 4.68 所示。从图中可知，落石形状为球体时，整个落石运动过程中的落石运动速率最高，落石最终离开防护网范围时，球体落石的速率高于六面体落石和正二十六面体落石；另外，落石形状为六面体时，落石的速率下降段明显更长，原因是六面体落石在防护网内发生不规则翻滚，且落在坡道上时落石一整面接触坡道，使得落石速率下降较多。

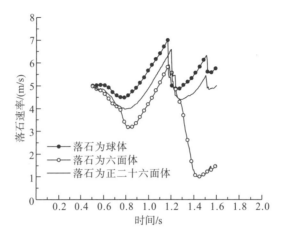

图 4.68   各工况下的落石运动速率

3. 入射速率为 15.0m/s 时各工况下的防护网形态

三种形状落石在 15m/s 入射工况下的防护网形态如图 4.69～图 4.71 所示。从图中可知防护网的形态区别不大，六面体落石的出射高度低于球体落石和正二十六面体落石。

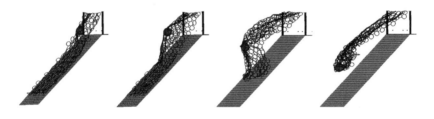

图 4.69   落石入射速率为 15.0m/s 时球体落石入射时的防护网形态

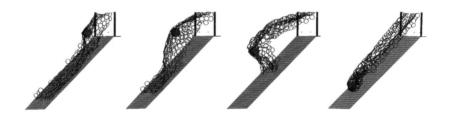

图 4.70   落石入射速率为 15.0m/s 时六面体落石入射时的防护网形态

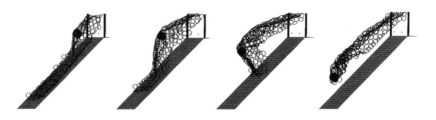

图 4.71   落石入射速率为 15.0m/s 时正二十六面体落石入射时的防护网形态

4. 入射速率为 15.0m/s 时各工况下的落石运动速率

三种落石形状的运动速率变化如图 4.72 所示。分析可知，球体落石的速率比其他形状落石更快，其中六面体落石的速率下降最多，原因是六面体的棱边、棱角与防护网相互作用，降低了更多的落石能量。

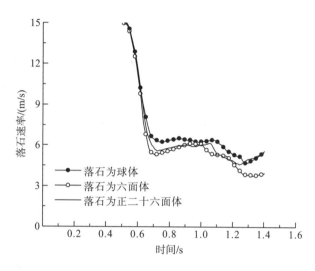

图 4.72 各工况下的落石运动速率

通过对 5.0m/s 和 15.0m/s 两种工况下三种不同落石形状的模拟计算 (其中六面体表征自然界中有棱边、棱角的落石块体)，可以看出球体落石的出射速率比其他形状的落石出射速率更高，因此在数值计算中将落石形状简化为球体，对于引导式落石缓冲系统而言是较安全的。

4.3.8 防护网圆环盘结圈数(自重)对防护效果的影响

模型试验和数值模拟中所用防护网为 ROCCO 环形网，每一个 ROCCO 圆环由 5 圈钢丝盘结而成。为考察防护网自重对防护效果的影响，分别模拟盘结 5 圈、7 圈、9 圈、11 圈和 13 圈的防护网在质量为 200kg、体积为 $0.067m^3$、入射速率为 6.0m/s 的落石冲击过程。

1. 防护网形态

图 4.73 和图 4.74 以盘结 5 圈、9 圈、13 圈工况为例，给出了防护网在冲击过程中 (0.90s 时刻) 和落石接触坡道时刻的防护网变形形态。从图中可出，随着防护网自重增加，落石冲击过程中的最大冲击高度下降，落石在坡道上的落点距入射点更近。

对落石运动过程和防护网变形分析可知，防护网作为一个机械振动系统，其惯性、弹性和阻尼三个要素的耦合作用形成了系统的防护能力，主要表现为落石冲击做功时，防护网克服自身静止惯性，通过弹性变形将落石冲击动能转化为应变能，在此过程中防护网质点获得速度,一部分冲击能量转化为系统动能,由于重力做功和阻尼的存在,防护网振幅逐渐减小,最终再次静止。因此,防护网自重越大,对落石冲击的衰减效应越明显。

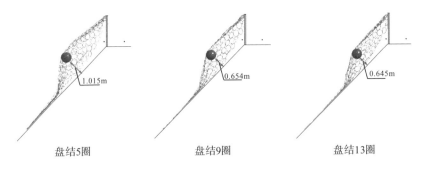

图 4.73　0.90s 时刻防护网冲击过程

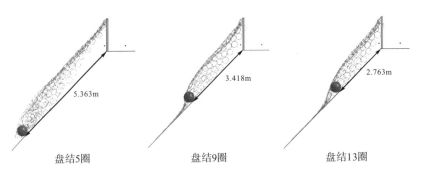

图 4.74　落石接触坡道时刻

2. 落石出射速率

表 4.20 给出了不同盘结圈数工况下落石的出射速率、速率和动能衰减率。从表中可以看出,盘结圈数为 5 圈时,系统的衰减作用较小,随着盘结圈数和防护网自重的增加,落石出射速度明显减小,采用 13 圈钢丝盘结可将动能衰减率提高到 85.02%。对落石出射速率与防护网自重的关系进行函数拟合,关系式如下:

$$v_{\text{out}} = 418.482M^{-0.817} \tag{4.16}$$

式中,M 为防护网自重。

表 4.20　不同盘结圈数工况下落石的出射速率、速率和动能衰减率

盘结圈数/圈	防护网自重/kg	出射速率/(m/s)	出射速率衰减率/%	动能衰减率/%
5	114.58	8.85	17.26	31.54
7	160.412	6.33	40.82	64.97
9	206.244	5.35	49.98	74.98
11	252.076	4.62	56.81	81.34
13	297.908	4.14	61.29	85.02

以上分析的是落石在低速冲击作用下的情况,在高速冲击下,为改变落石的运动轨迹,一种方法就是增加防护网的自重。下面采用数值方法考察了落石入射速度为 15.0m/s 时防护网的变形和落石的出射速度。

图 4.75 中给出了不同盘结圈数情况下防护网在落石冲击作用下的变形形态,从图中可以看出,盘结 5 圈时防护网完全飞起,盘结 13 圈时防护网压覆在坡道上,随着盘结圈数和防护网自重的增加,落石在防护网中的运动高度逐渐下降,在盘结 13 圈的工况下,落石运动轨迹的约束限制效果最明显。

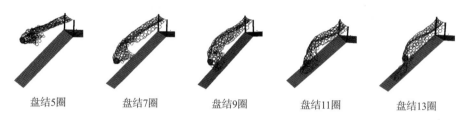

盘结5圈　　　　盘结7圈　　　　盘结9圈　　　　盘结11圈　　　　盘结13圈

图 4.75　不同盘结圈数情况下数值计算的落石冲击过程

4.3.9　防护网配重对变形模式的影响

在工程中,落石撞击防护网所影响的宽度范围与长度范围相比很小,因此可将其简化为二维变形。为了考察在总质量不变的情况下防护网配重和自重对防护性能影响的区别,以均质杆的抬起问题为例进行说明。图 4.76(a)所示是一单位截面积的质量为 m、密度为 ρ 的均匀质量杆,杆长为 L,在集中力的作用下一端抬起,抬起角度为 α,图 4.76(b)所示是可忽略质量的细长杆上固定有两个质量分别为 $1/2m$ 的小球,小球位置分别在杆端和杆的中点,同样在集中力作用下抬起相同的角度。

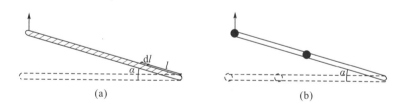

(a)　　　　　　　　　　　　　　　　(b)

图 4.76　细杆抬起的算例

对图 4.76(a)所示运动进行分析,计算外力做功 W_a,有

$$W_a = \int_0^L \rho g l \sin\alpha \mathrm{d}l = \frac{1}{2}\rho g L^2 \sin\alpha = \frac{1}{2}mgL\sin\alpha \tag{4.17}$$

图 4.76(b)所示运动的外力做功 W_b 为

$$W_b = \frac{1}{2}mgL\sin\alpha + \frac{1}{2}mg \cdot \frac{1}{2}L\sin\alpha = \frac{3}{4}mgL\sin\alpha \tag{4.18}$$

由计算结果可知 $W_a < W_b$,表明通过合理的分布配重,可以实现相同总质量和运动状

态的情况下耗散更多能量的目的。防护网受落石冲击与此算例道理相通，结合前面的模型试验和数值计算发现，在防护网上合理地配重可以有效约束落石运动轨迹，在单独位置配重工况中Ⅰ位置效果最佳，在组合位置配重工况中，Ⅰ、Ⅱ位置组合配重效果最佳。因此，在数值分析中设置了Ⅰ位置配重和Ⅰ、Ⅱ位置组合配重的模拟工况。其中，Ⅰ位置配重包括防护网中间一个和防护网两侧各一个共计三个配重点，Ⅱ位置包含防护网侧的两个配重点。每个配重点配重20.0kg。落石的质量为200.0kg，入射速率为15.0m/s。

不同配重工况下数值计算得到的防护网变形形态如图4.77所示。从图中可知，在配重后，防护网的变形明显受限，Ⅰ、Ⅱ位置组合配重时，落石的落点在水平投影方向上的距离更近，防护网飞起的高度更低。因此，当通过增加防护网的自重来改变落石的运动轨迹不经济或施工不方便时，增加配重为一种较方便的方法，可达到防护的目的。因此在实际工程中，可以根据具体工程要求选择增加防护网自重或增加配重。

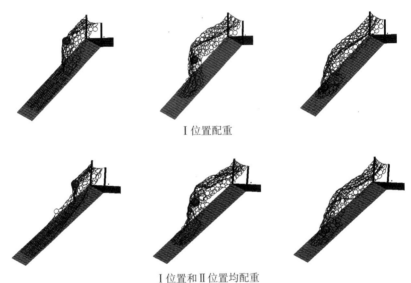

Ⅰ位置配重

Ⅰ位置和Ⅱ位置均配重

图 4.77　数值计算得到的防护网变形形态

4.3.10　引导式落石缓冲系统内部荷载传递规律

立柱和支撑绳组成了引导式落石缓冲系统的挂网结构主体部分，落石的冲击荷载由防护网传递给支撑绳，由支撑绳传递给立柱，引起立柱弯曲变形，立柱最终将冲击荷载传递至地面。对于传统的被动防护系统，网面的四周边界不能自由移动，仅容许防护网变形引起的小量位移和转动，因此落石冲击造成支撑绳和立柱内力很高，一般可达50kN以上，立柱节点易破坏，多采用拉锚绳固定立柱，同时上支撑绳、下支撑绳和侧向支撑绳配合使用，以保证系统可以在落石多次冲击下维持防护能力。在引导式落石缓冲系统中，防护网仅挂网一边与支撑绳连接，其余三边自由铺展，防护系统通过开放式底部实现对落石冲击"防而不截"的缓冲效果，相比传统拦截式的防护系统，引导式落石缓冲系统的防护网变形传递给挂网结构的荷载较小。

引导式落石缓冲系统的立柱下端固接，上端承受支撑绳拉力，其力学分析模型可简化为杆端集中力作用下的悬臂梁。根据挠度计算公式，可得出立柱固接处的最大剪力和弯矩。

$$F = \frac{3EI\Delta}{l^3}$$

$$M = \frac{3EI\Delta}{l^2} \tag{4.19}$$

式中，F 为立柱最大剪力；M 为立柱最大弯矩；Δ 为杆端位移；EI 为立柱截面抗弯刚度；l 为立柱高度。

通过前文对 161.0kg 落石无配重工况的数值计算，立柱底端剪力和弯矩可通过杆端位移计算得出，有 $F = 4.673\text{kN}$，$M = 7.009\text{kN·m}$。在落石冲击模型试验中，支撑绳上串接了量程为 20kN 的拉力传感器，试验测试得出的支撑绳内力在 5kN 以内，数值模拟结果和试验结果互证，表明支撑绳和立柱内力很小。对于参数分析中的各种工况，选取了每个参数中的最不利工况，分析得到每种工况的立柱最大剪力和弯矩，其中立柱剪力与支撑绳最大内力可认为相等，如表 4.21 所示。

表 4.21　立柱最大剪力和弯矩

参数	工况详情	立柱最大剪力/kN	立柱最大弯矩/(kN·m)
体积	200kg、0.133m³、15m/s	6.231	9.346
	200kg、0.417m³、15m/s	8.338	12.507
质量	120kg、0.067m³、15m/s	4.875	7.312
	304kg、0.067m³、15m/s	9.254	13.882
入射速率	200kg、0.067m³、10m/s	7.697	11.545
	200kg、0.067m³、25m/s	13.744	20.616
冲击高度	200kg、0.417m³、15m/s，冲击高度为 0.3m，	5.589	8.384
	200kg、0.417m³、15m/s，冲击高度为 0.6m，	9.163	13.744
防护网自重	200kg、0.067m³、6m/s，防护网自重 297.908kg	12.461	18.692
	200kg、0.067m³、15m/s，防护网自重 297.908kg	11.553	17.330

从表中可知，立柱剪力和支撑绳内力在所有模拟工况中最大值为 13.744kN，立柱最大弯矩为 20.616kN·m。一般情况下，传统的被动防护系统支撑绳和钢柱内力可达 100kN 以上，相比而言，引导式落石缓冲系统的挂网结构内力很小。

在工程中，引导式落石缓冲系统的立柱与基础为固接，以保证系统中立柱受到落石冲击时不会完全破坏，导致挂网结构垮塌。美国交通研究委员会通过大量试验证明，固接方式的立柱在遭受落石冲击后，仍能保持一定的刚度和强度，不会引起防护系统垮塌。因此，在引导式落石缓冲系统工程中，不需对立柱和支撑绳进行特别处理与设计，仅需要满足常规要求即可。

4.3.11　引导式落石缓冲系统的双落石冲击数值计算

落石灾害的发生随机性强，每次发生时的规模都不相同。对柔性防护系统而言，为了统一评价标准，一般以单次落石冲击的防护效果作为依据。然而，在很多落石频发区域，落石的群发性特征比较显著，因此多落石冲击的防护性能对防护系统是非常重要的。引导式落石缓冲系统在边坡上分跨连续布置，假定每跨防护网受到两个落石块体的冲击，按照冲击可能发生的不同工况进行对应的数值计算分析。在数值计算中，落石的入射速率设置为 6.0m/s，落石的质量与模型试验相同，为 66.0kg。

1. 双落石平行入射防护网

双落石平行入射的冲击过程如图 4.78 所示，从图中看出，由于双落石平行冲击，同一时刻防护网上的冲击位置有两个，防护网在水平方向上的变形程度比单个落石冲击时更大，落石在防护网的约束下运动，最终以滚动形态从坡脚离开。

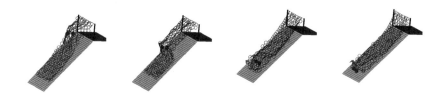

图 4.78　双落石平行入射防护网的冲击过程

2. 双落石前后入射防护网

双落石前后入射防护网的冲击过程如图 4.79 所示。为叙述方便，以 rock1 表示先入射的落石，rock2 表示后入射的落石。从图中可知，rock1 接触防护网后速率降低，后入射的 rock2 与 rock1 发生碰撞，导致 rock2 加速向下运动，而 rock1 向上轻微反弹，最终 rock2 先从防护网滚出，二者在坡道上的落点位置相近。防护网实现了约束落石运动轨迹、同时衰减落石动能的目的。

图 4.79　双落石前后入射防护网的冲击过程图

对两种入射工况的数值计算表明，引导式落石缓冲系统对多落石冲击具有较好的防护效果，实现了控制落石运动轨迹的既定目标。

4.3.12　小结

通过引导式落石缓冲系统的参数化分析，4.3 节得到了落石出射速率与各参数之间的随动关系，分别拟合了函数表达式。研究得到以下结论。

(1)在防护网变形的低速模式下，体积更大的落石表面积越大，摩擦耗能越多，落石出射速率越低；在高速模式下，体积更大的落石降低了防护网翻卷程度，出射速率随体积增大而增大。两种模式下，体积与出射速率呈异速增长指数关系，但曲线趋势相反，以特征速率为分界。

(2)随着落石质量的增加，两种变形模式下落石出射速率均增加，质量更大一方面表明落石入射能级更高，另一方面也意味着要克服更大的惯性。落石质量与出射速率的关系为线性正相关。

(3)落石入射速率直接决定了防护网的变形模式，以特征速率为界，当入射速率小于特征速率时，出射速率随入射速率增加而增加，当入射速率大于特征速率时，出射速率随入射速率增加而减小。不同的变化趋势也说明，当入射速率较大，防护网翻卷可以显著耗散落石冲击能量，但系统对落石轨迹的约束作用很小，不能达到防护目的。

(4)根据不同落石入射高度的数值分析，落石入射高度越高，落石在坡面上的落点越近，且二者呈线性函数关系。落石出射速率在控制平台高度为 0.40m 时最小、出射速率衰减率和动能衰减率最大，此时落石球心到一级平台的高度为 0.75m 左右，恰好位于防护网开口高度一半位置，说明落石入射引导式落石缓冲系统时，从防护网开口中间位置入射可达到最佳的缓冲防护效果。

(5)针对高入射速率导致的落石运动轨迹过高，通过改变防护网网型，采用多圈钢丝盘结的 ROCCO 环形网，增大了防护网自重，可以起到压覆落石飞行运动的作用，盘结圈数为 13 圈、入射速率为 15.0m/s 的落石最终以滚动方式逸出防护网。

(6)对于引导式落石缓冲系统，入射速率是影响系统防护效果的首要因素。当防护网的型号、尺寸等特性选定后，存在一个特别的入射速率，即特征速率，使得落石恰好在与坡面反弹时从防护网逸出，是引导式落石缓冲系统各工况中的最不利工况。由于落石与防护网的脱离并不是一个瞬态过程，所以特征速率应是一个很小的速率区间。同时，对于不同的防护网型号和尺寸，特征速率是不相同的，需要试算确定其速率区间。

(7)对立柱和支撑绳内力的分析表明，引导式落石缓冲系统中挂网结构的荷载较小。由于立柱采用固接方式连接基础，可认为系统中的挂网结构是较安全的，不会出现立柱倒塌引起引导式落石缓冲系统失效的问题。

第5章 柔性防护系统中消能件的设计理论

5.1 柔性防护系统所用消能件的研究现状

采用金属网结构的落石柔性防护系统在发展初期的很长一段时间内，仅能用来防御较小能级（如 250kJ 能级以下）的落石，一般布置在危岩尺寸很小、落石灾害规模不大的边坡，其原因就在于金属网自身的耗能性能有限，高能级落石的冲击作用使得金属网发生极大变形后从约束部位脱开，或直接导致金属网断裂，丧失防护能力。即使不断提高材料强度，加强挂网结构（如立柱、支撑绳等）的强度和韧性，依然无法满足高能级落石灾害的防护需求。直至消能件的出现，落石柔性防护系统的应用才越来越广泛。消能件是一种主要由金属材料制成的构件，用于吸收落石冲击能量，同时缓冲落石冲击作用，降低系统内其他构件的极限荷载，它的吸能和过载保护作用使得落石柔性防护系统的防护能级得到了极大的提高。由于消能件的应用，工程中使用的柔性防护系统的防护能级目前已可达到250~5000kJ，瑞士布鲁克工程公司于 2017 年进行了质量为 25t、高度为 42m 的支承式防护网冲击试验，落石冲击能量达到 10000kJ，落石最终被成功拦截，如图 5.1 所示，图 5.1中标识部位为消能件。

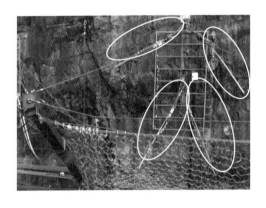

图 5.1 瑞士布鲁克公司 10000kJ 落石冲击试验中的 U-Brake 消能件

落石柔性防护系统的结构形式十分多样，但组成结构的网、绳、节点三种基本要素是不变的。三者之间以变形和位移方式协同工作，而消能件可以利用结构内部产生的变形和位移，拉长系统的能量吸收时程曲线，延长落石动量冲量转换时间，达到耗能和缓冲的目的。

通过近年来发表的文献、专利、设计手册等各种可查阅资料的分析总结，1975年至今，研究者开发了几十种不同结构形式的消能件，而这些消能件按照在结构内的布置位置，可分为两类。第一类是布置在节点上的消能件，第二类是布置在绳索上的消能件。

5.1.1   第一类消能件

被动式的落石柔性防护系统中，如被动防护网、屋檐式防护网等，结构中的立柱是将落石冲击荷载传递到地面或坡面的主要构件，一般采用混凝土浇筑独立基础并通过法兰盘与地面连接。从立柱的受力特性不难看出，立柱底端的剪力和弯矩最大，易引起破坏。第一类消能件设置在立柱基础上，其设计理念是增强系统固接构件的柔性，工作机理是将立柱与基础的连接变为可动连接，通过释放一定的约束自由度，使得立柱在受力时发生小量的位移，降低内力峰值。图 5.2 简要表示了这类消能件的工作过程。

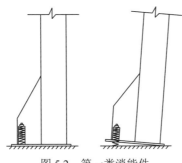

图 5.2   第一类消能件

第一类消能件采用了弹簧支座的形式，当立柱在顶端水平力作用下发生倾覆趋势，弹簧支座容许小量的翘起位移，当顶端水平力撤销后，支座恢复初始状态。对第一类消能件的工作机理分析可知，弹簧支座在开始阶段将立柱动能转化为弹性势能，而后将弹性势能释放，整个过程并未吸收能量，因此第一类消能件在系统中起到的是缓冲器的作用，可以降低系统内绳和节点的极限荷载。

5.1.2   第二类消能件

第二类消能件指的是串接于支撑绳上的消能件，此类消能件的结构形式多种多样，按照耗能方式的不同，可分为四种，分别是摩擦型、局部破坏型、塑性变形型和塑性变形与摩擦混合型。

1. 摩擦型

摩擦耗能是一种非常易于实现的耗能方式，摩擦型消能件也是最早见诸文字的消能件种类。1975 年出现了最早的有专利记录的钢丝绳摩擦型消能件，在钢丝绳上拉出一段，并用卡子将其卡住，当钢丝绳伸长时，通过卡子与钢丝绳之间的摩擦耗散一部分能量，如图 5.3(a) 所示。1991 年，Smith 和 Duffy 等发明了一种 "EI-Brake" 消能件，如图 5.3(b)

所示,两段钢丝绳从夹具中穿过,一侧钢丝绳的其中一根连接锚杆,另一侧钢丝绳其中一根连接支撑绳,另外两根钢丝绳可发生一段距离的自由位移,实现摩擦耗能。图 5.3(c)所示消能件由 Trad 等在 2013 年提出,由夹具卡住一端的钢丝绳,通过夹具上的螺母控制摩擦强度,达到耗能目的。

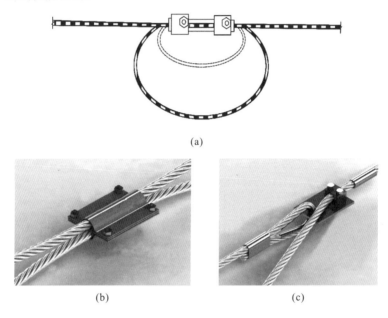

图 5.3 钢丝绳摩擦型消能件

钢丝绳摩擦型消能件结构简单,材料用量少,夹具成本低,但其缺陷在于摩擦会降低钢丝绳强度,造成安全隐患。另外,此类消能件的耗能能力不稳定,也无法直接计算,不能有针对性地设计和使用。

2. 局部破坏型

局部破坏型消能件是串接在钢丝绳上的附加结构,称为局部破坏的原因在于消能件的附加结构破坏不影响钢丝绳自身性能,代表性的有撕裂式消能件、割裂式消能件,如图 5.4 所示。

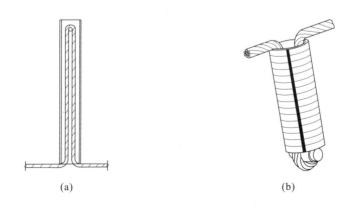

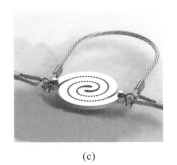 

(c)   (d)

图 5.4　局部破坏型消能件

图 5.4(a) 所示的撕裂式消能件，是从钢丝绳中间部分拉出一段后，挂绕在金属材料制成的筒状结构内的挂钩上，钢丝绳在拉力作用下迅速向两端张开，消能件的收口式结构将拉力变为剪力，将金属筒撕裂，吸收冲击能量。图 5.4(b) 所示的撕裂式消能件结构形式基本相同，但筒状结构由不完全闭口的金属环组成，金属环被拉开后消能件从钢丝绳上脱落。图 5.4(c) 所示的是截至 2017 年检索已知的最新的撕裂式消能件，其主体结构是一块金属盘，盘面上钻有按螺旋线排列的小孔，当荷载传递至金属盘两侧的钢丝绳时，金属盘将沿这些小孔撕裂，整个盘面展开后消能件丧失耗能能力。图 5.4(d) 所示是一种割裂式消能件，在钢丝绳端头各固定一块尖锐的三角切刀，消能件两侧钢丝绳相向移动时，两块切刀切割中间的筒状结构，通过剪力做功耗散冲击能量。

撕裂式或割裂式消能件在实际工程应用中非常少见，由于消能件以破坏方式启动工作，当承受冲击荷载时，裂口处的瞬时剪力极大，易造成消能件未启动而钢丝绳被拉断或剪断。另外，在瞬时荷载作用下此类消能件的结构破坏形式的耗能效率较低，对材料的利用率差，并且耗散能量值无法计算。

3. 塑性变形型

仅靠塑性变形来耗散能量的消能件种类较少，Allmen 等 (2016) 提出一种金属螺旋式结构的消能件，如图 5.5 所示。这种消能件的变形吸能方式比较简单，由金属材料制成的类似于弹簧的结构形式，在两侧钢丝绳的拉力作用下逐渐伸直，通过塑性变形吸收能量。缺点在于螺旋式结构展直所吸收的能量不高，而且消能件变形后依然承担钢丝绳传载作用，若材料在扭转和剪切下发生破损，对防护系统的安全性有不利影响。

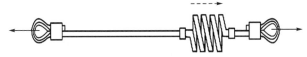

图 5.5　塑性变形型消能件

4. 塑性变形与摩擦混合型

塑性变形与摩擦混合型消能件吸收和耗散能量的方式主要是金属的塑性变形和构件间的摩擦滑动。

　　金属管压溃型消能件[图 5.6(a)]主要由固定件、金属管、钢丝绳和铝套筒构成，钢丝绳一端通过铝套筒锚固在一端固定件外侧，一端穿过金属管并从另一端固定件的预留孔洞中穿出，其工作原理是当钢丝绳拉力达到启动力阈值时，锚固在固定件中的钢丝绳带动固定件相对运动，进而压缩金属管耗能，如图 5.6(a)所示。笔者提出了一种对称式金属管压溃型消能件的结构形式并申请了发明专利(已获实用新型专利授权)，由固定件、金属管、钢丝绳和铝套筒构成，如图 5.6(b)所示。

　　减压环是瑞士布鲁克工程公司最先发明和使用的消能件，目前应用十分广泛，其耗能过程主要是铝制环管的挤压变形和箍环与环管之间的滑动摩擦，如图 5.6(c)所示。Del Coz Díaz 等(2010)在 2010 年改进了减压环的结构形式，将单环管变成双环管，如图 5.6(d)所示，其耗能过程与减压环相同。此类减压环消能件具有更稳定的荷载缓冲和吸能性能，但是箍环的摩擦会使环管的耗能能力下降。

　　U-Brake 消能件是近年来出现的一种新型消能件，如图 5.6(e)所示。消能件套筒端与锚杆连接，固定在坡面上，另一端的钢板带短边与防护系统的支撑绳连接，钢板带长边为自由端，落石冲击引起支撑绳发生大位移，拉动钢板带绕着销轴 180°翻转，通过钢板带的大变形吸收落石冲击能量，当钢板带长边全部运动至销轴另一边后，再将支撑绳连接到钢板带短边，达到重复使用的目的。

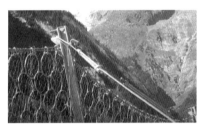

(a) 金属管压溃型

(b) 对称式金属管压溃型

(c) 减压环

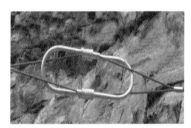

(d) 椭圆减压环

(e) U-Brake消能件

图 5.6　塑性变形与摩擦混合型消能件

5.2　圆形减压环的静动力特性分析和设计优化

被动防护系统中使用最多的消能件为减压环，主要由钢管及铝管套筒组合而成，应用中将钢丝绳穿过钢管连接在防护系统的支撑绳及拉锚绳上，当与减压环相连的钢丝绳所受拉力达到一定程度时，减压环启动并通过钢丝绳的拉伸使钢管环径缩小来吸收能量，且当冲击能量在设计范围内时，能多次接受冲击发生位移，从而实现其过载保护功能，减压环在被动防护系统中主要与支撑绳和拉锚绳进行连接(图 5.7)，对支撑绳和拉锚绳起到过载保护的作用，同时降低荷载对锚杆的冲击作用。

图 5.7　被动防护系统及减压环

减压环的能量吸收能力受两方面控制：①为克服与铝管套筒间的摩擦所需的外部输入功，这部分的能量主要依靠铝管套筒与钢管之间的摩擦产生，与两者之间的静动态摩擦系数和铝管套筒对钢管的预紧力有关；②环管的变形，这种变形又包括两部分，一是圆环从大到小，二是管截面从圆形变为扁椭圆形。目前，关于减压环的性能评价均是采用拟静力试验得到减压环拉伸荷载作用下的荷载-位移曲线，通过计算得出减压环的耗能性能。由于减压环在静力荷载作用下的变形距离较大，一般材料试验机上仅能分段进行(拉出一段后锯掉再重新拉伸)，此外在实际应用和试验测试中发现，减压环的拟静力试验并不能充分反映其动荷载作用下的工作状态(Cazzani et al.，2002；汪敏 等，2010)。为此，设计了一种便捷的减压环荷载-位移曲线的测试方法，通过拟静力试验分析减压环在静力作用下的耗能性能，同时采用有限元软件 LS-DYNA 对减压环在冲击荷载作用下的力学性能进行研究，对比静力及动力计算结果，并考察了冲击荷载作用速度、铝管套筒的长度对减压环耗能性能的影响，为优化减压环的设计及工程应用提供依据。

5.2.1　减压环在静力作用下力学性能的试验研究

由于减压环在荷载作用下的变形距离较大，一般的试验机上很难一次性完成减压环的荷载试验，因此，笔者设计了测试减压环的试验方法。试验中将减压环的一端固定，另一端均匀加载，测定试验过程中的荷载-位移曲线。试验中减压环的上端固定在行车吊钩上，下端采用葫芦施加均匀荷载作用。为了测定葫芦上的荷载，在葫芦上串连传感器，葫芦量程为 6t；采用位移计测定减压环的变形距离。数据记录中，开始时，每施加 2kN 荷载时，记录一次数据；当荷载开始下降时，位移每增加 20mm 记录一次数据。试验加载方案及设备如图 5.8 和图 5.9 所示，试验模型及试验过程中减压环的变形过程如图 5.10 所示。

图 5.8　减压环的试验方案照片　　　　　　　图 5.9　手动葫芦上串连传感器

图 5.10　减压环拉伸试验过程

图 5.11 给出了两次试验中减压环的荷载-位移曲线，从图中可以看出，由于铝管套筒预紧力的作用，减压环的变形过程大致可分为三个阶段。

第一个阶段，由于铝管套筒与钢管之间的摩擦作用，使得在刚开始施加荷载作用时，拉伸荷载变化很大，而位移变化不大。这个阶段存在如下关系式：

$$T \leqslant \mu_{\mathrm{s}} \cdot f_{\mathrm{n}} \tag{5.1}$$

第二个阶段，当钢丝绳上的拉力能够克服摩擦力时，钢管相对铝管套筒开始滑动。此时钢丝绳上的拉伸荷载较开始时有一定的下降，由于钢管环径逐渐缩小，使得钢丝绳上的荷载缓慢增大，位移开始明显增大。这个阶段存在如下关系式：

$$T \geqslant \mu_{\mathrm{d}} \cdot f_{\mathrm{n}} + f \tag{5.2}$$

第三个阶段，当钢管环径缩小到一定的程度以后，由于钢管的扭曲变形，增大了铝管套筒与钢管之间的接触力，同时钢丝绳的拉伸荷载显著增大，而位移增加缓慢，直到停止施加荷载作用。这个阶段存在如下关系式：

$$T \leqslant \mu_{\mathrm{d}} \cdot f_{\mathrm{n}} + f \tag{5.3}$$

式中，μ_s 为铝管套筒与钢管之间的静态摩擦系数；μ_d 为铝管套筒与钢管之间的动态摩擦系数；f_n 为铝管套筒施加给钢管的预紧力；f 为使钢管环径缩小需要的拉力，随着环径的缩小，f 逐渐增大。

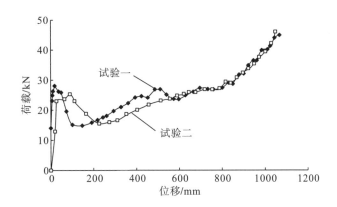

图 5.11　减压环在静力荷载作用下的荷载-位移曲线

5.2.2　减压环在动力作用下的数值计算

采用 LS-DYNA 软件对减压环在动力荷载作用下的力学性能进行分析。减压环在动力荷载作用下的数值分析涉及几何非线性(大变形效应)、材料非线性(弹塑性特性)和不同物体之间的接触分析。结构在大变形时，使用拉格朗日算法的单元网格会产生严重畸变，这种网格异常往往往导致程序终止计算。任意拉格朗日-欧拉(ALE)方法是对拉格朗日算法的扩展，其定义方式与拉格朗日的定义方式非常相似。ALE 方法的网格点可以随物质点一起运动，但也可以在空间固定不动，因此 ALE 方法也被称为耦合拉格朗日-欧拉方法。图 5.12 给出了 ALE 方法的求解过程，其中第一步和前两种方法类似，第二步时受到荷载的节点不像欧拉方法回到计算步开始前的位置，而是在空间选择一点。因此采用 ALE 算法的单元可以控制单元节点的旋转、扩张和平滑，克服固体大变形数值计算的难题，为此选用 ALE 算法进行动力有限元分析(时党勇 等，2005)。

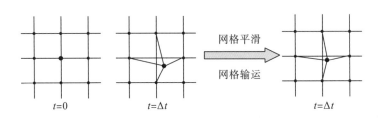

图 5.12　ALE 方法求解问题过程

数值计算中选用的单元：对铝管套筒采用 SHELL163 单元模拟，采用程序默认的单点积分算法；对钢丝绳采用 LINK160 单元模拟，该模型只能考虑材料受轴向荷载的作用，不能承受弯矩。SHELL163 单元为 4 个节点的空间薄壳单元，每个节点具有 12 个自由度，即：UX、UY、UZ、VX、VY、VZ、AX、AY、AZ、ROTX、ROTY、ROTZ，其中只有节点的位移及转动是实际的物理自由度，SHELL163 单元尺寸示意图如图 5.13 所示。该单元共有 12 种算法，主要包括：单点积分的 Belytschko-Wong-Chiang 算法，适合于分析翘曲问题；单点积分的 Belytschko-leviathan 算法，包含自动的沙漏控制；一般型的 Huges-Liu 算法，单点积分算法；快速 Huges-Liu 算法，采用单点积分算法等。根据计算对象的实际情况，采用程序默认的 Belytschko 单点积分算法计算壳体单元的大变形效应。

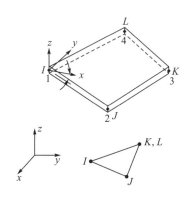

图 5.13　薄壳单元 SHELL163 示意图

试验中选取的减压环型号为 GS-8000，产品具体性能指标为：最小变形吸收能量为 25～35kJ，减压环启动荷载为 17～57.5kN（与铝管套筒的初始预紧力有关），本节选取的减压环启动荷载在 30kN 范围内。减压环中构件的相关参数如表 5.1 所示。

表 5.1　材料力学性能参数指标

材料类型	弹性模量/MPa	密度/(kg/m³)	屈服强度/MPa	泊松比	极限应变
钢管	2.10e5	7850	300	0.3	0.38
铝管	0.70e5	2700	235	0.3	—
钢丝绳	1700e5	7850	1770	0.3	0.05

数值计算分析铝管套筒与钢管接触过程中的摩擦系数由静摩擦系数 μ_s、动摩擦系数 μ_d 和指数衰减系数 γ 组成，并认为

$$\mu_c = \mu_s + (\mu_s - \mu_d) \cdot e^{-\gamma \cdot V_{rel}} \tag{5.4}$$

计算中取静、动摩擦系数分别为 0.12、0.05，指数衰减系数为 5（Del Coz et al.，2009；Del Coz and García，2010）。

减压环在制作过程中，铝管套筒对钢管施加了一定的预紧力，使得铝管套筒与钢管之间能够较好接触。数值建模过程中，减压环的尺寸如下：钢管环径为 450mm，管径为 25mm，管壁厚 2.5mm，铝质压套管长度为 60mm，壁厚为 15mm，钢丝绳直径为 14mm。根据布鲁克（成都）工程有限公司提供的钢丝绳破断拉力的相关参数，取钢丝绳的等效截面为 71.8mm²。图 5.14 中给出了减压环的实物照片，从图中可以看出：在减压环的铝管套筒部

位，弯曲的钢管之间相互接触、铝管套筒与弯曲的钢管之间相互接触，穿过钢管的钢丝绳与钢管之间相互接触。因此，数值分析中建立的模型必须要满足减压环相关的构造要求。在数值分析中，对减压环中钢丝绳的一端固定，另一端施以一定的速度水平移动。根据被动防护系统的试验情况(Gottardi and Govoni，2010)，取冲击荷载速度为 10m/s、30m/s、50m/s，数值分析模型如图 5.15 所示。

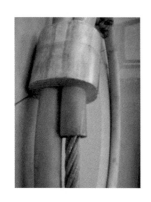

图 5.14　减压环实物照片

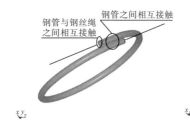
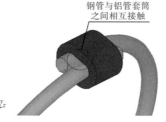

图 5.15　减压环数值分析模型的建立

在 LS-DYNA 软件中，单面接触可用于一个物体表面各部分的自相接触或它与另一个物体的表面接触，它不需要指定主从接触面，程序会自动考虑不同 PART 之间的接触关系，当定义好单面接触时，它允许一个模型的所有外表面都可能发生接触，这对预先不知道接触表面的自身接触或大变形有一定的帮助，且其计算精度相对较高。对于本节的计算问题，在动力荷载作用下，铝管套筒与钢管发生接触，钢管与钢丝绳发生接触，相互之间不发生穿透现象，因此非常适合采用单面接触来定义铝管与钢管之间、钢管与钢丝绳之间的接触。

5.2.3　有限元计算结果与试验结果比较

尽管 ANSYS/LS-DYNA 中所有使用单个积分点的壳单元在大变形中很可靠，并且能节约大量计算时间，但它们容易形成零能模式。该模式主要指沙漏模式，产生一种自然振荡并且比所有结构响应的同期要短得多(数学形态，物理上不可能)。沙漏变形没有刚度并产生锯齿形外形(图 5.16)。分析中，沙漏变形的出现将使结果不正确，应尽量避免。

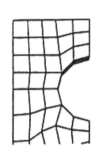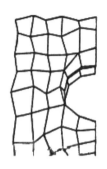

图 5.16　沙漏效应下未变形和变形的网格

由于本节中选用 Shell163 薄壳单元进行大变形分析时，壳单元采用的是单点积分算法，因此容易导致沙漏能。因此，在建立模型时做到了尽可能地均匀划分网格，同时增强了整体网格细化。计算工作在 CAE 工作站的计算机上运行，计算机配置为 Intel(R) Xeon(R) CPU E5540@2.5GHz(16 个处理器)，16GB 内存和 900GB 硬盘，单独运算一种工况平均耗时 6h 左右。图 5.17 给出了减压环在冲击荷载速度为 50m/s 时，数值计算得到的沙漏能与内能随时间的变化关系曲线。可见，采用均匀划分网格和加密网格的方法可有效地将沙漏能控制在一定范围内。沙漏能与模型总体内能之间的最大比值为 6.0%，满足要求。

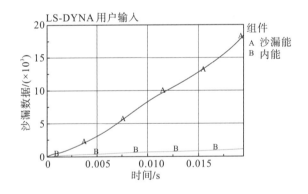

图 5.17　数值计算得到的沙漏能与内能曲线(冲击荷载为 50m/s)

图 5.18～图 5.21 给出了减压环在拟静力试验及数值计算时钢管的变形图。在拟静力荷载作用下，钢管受到荷载作用的一端相对铝管套筒位移很小，而另外固定的一端，相对铝管套筒发生了较大的位移。在动力荷载作用下，在较低的速度范围内(10m/s)，减压环的变形过程与试验结果较一致，受冲击荷载的一端相对铝管套筒位移较试验值偏大。而在较高的速度范围内(30m/s、50m/s)，钢管受到荷载作用的一端相对铝管套筒发生了较大的位移，而另外固定的一端相对铝管套筒的位移较小，这一点与动态荷载作用下减压环破坏时的现象相符(图 5.22)(Volkwein，2005)。从减压环的构造特点上看，当减压环受到钢丝绳的拉伸荷载作用，从而使得钢管环径缩小的过程中，铝管套筒施加给两边钢管的荷载不一致。在静力试验中，当在钢丝绳上施加荷载作用时，施加荷载的一端铝管套筒对钢管的

预紧力会增大，而另外的一端，铝管套筒对钢管的预紧力会减小。因此，在静力试验中，钢管受到荷载作用的一端相对铝管套筒位移很小，而另外固定的一端，相对铝管套筒发生了较大的位移；在动力荷载作用下，施加在钢丝绳上的荷载速度较快，此时，由于惯性力的作用，拉伸钢丝绳使钢管受到的荷载能够克服铝管套筒对钢管的预紧力，因此钢管受到荷载作用的一端相对铝管套筒发生了较大的位移，而另外固定的一端，相对铝管套筒的位移较小。随着钢丝绳上冲击荷载速度的增大，该现象越明显。

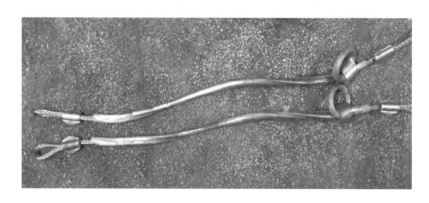

图 5.18　试验后减压环变形图

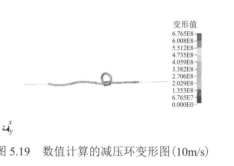

图 5.19　数值计算的减压环变形图(10m/s)

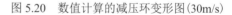

图 5.20　数值计算的减压环变形图(30m/s)

图 5.21　数值计算的减压环变形图(50m/s)

图 5.22　被动防护系统受到落石冲击作用下减压环的破坏形态

　　图 5.23 中给出了试验与数值计算得到的铝管套筒变形图(10m/s)，从图中可以看出，在拉伸过程中由于钢管的扭曲变形，铝管承受偏心荷载的作用，钢管对铝管套筒的挤压导致铝管套筒发生了严重的变形。

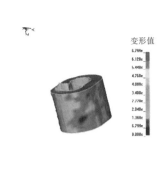

图 5.23　试验与数值计算得到的铝管套筒变形图（10m/s）

　　图 5.24 中给出了减压环在动力荷载作用下钢丝绳上的荷载随位移的变化关系曲线。动力荷载作用下，在减压环变形的第一个阶段，荷载随着位移的增大呈现波浪形上升，这与静力荷载作用下的荷载变化情况存在差异。产生上述差异的主要原因是减压环在受到荷载作用，钢管环径缩小的过程中，铝管套筒施加给两边钢管的荷载不一致，而且随着施加荷载一端的钢丝绳的位移变化而变化。因此，当减压环受到动力荷载作用时，钢丝绳上的荷载随着位移的变化呈现波浪形上升趋势。

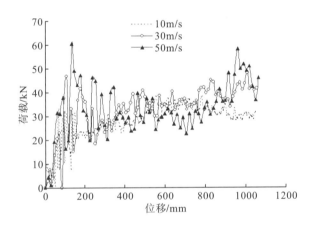

图 5.24　减压环在动力荷载作用下的荷载-位移曲线

　　根据减压环在静力和动力荷载作用下的荷载-位移曲线，通过式（3.10），采用 MATLAB 软件包编程计算即可得到减压环吸收的能量，在计算减压环吸收的能量时，取减压环总的变形距离为 1.05m，计算结果如表 5.2 所示。在较低的速度范围内，数值计算得出的减压环的启动荷载及吸收能量与试验结果较吻合，随着速度的逐步增大，启动荷载逐渐增大，吸收的能量开始时有一定的增加，后期趋于平稳。

表 5.2　减压环试验和数值计算的启动荷载和吸收能量

类别		启动荷载/kN	吸收能量/kJ
试验 1		28.0	27.3
试验 2		25.4	25.9
试验综合值		26.7	26.6
数值计算	10m/s	33.2	29.1
	30m/s	46.7	34.5
	50m/s	60.4	35.4

5.2.4　铝管套筒长度对减压环耗能特性的影响分析

在减压环的设计中，铝管套筒的长短对减压环耗能性能具有一定的影响，然而静力试验结果不能完全反映减压环的动力特性，因此本书对不同铝管套筒长度下减压环的耗能性能进行了数值分析，数值分析中选用的冲击荷载速度为 30m/s。

表 5.3 给出了铝管套筒长度对减压环启动荷载的影响。从表中可知，随着铝管套筒长度的增大，减压环的启动荷载先减小，而后逐渐增大，而在整个过程中减压环的平均荷载随铝管套筒长度的增大，开始增大趋势明显，后期趋于平稳。

表 5.3　铝管套筒长度对减压环启动荷载的影响

铝管长度/mm	启动荷载/kN	平均荷载/kN
40	67.1	21.0
60	46.7	32.9
80	39.9	36.7
100	44.2	37.9
120	52.4	38.1

在评价缓冲器的理想吸能效率时，一般采用如下公式计算(罗昌洁 等，2010)：

$$I = \frac{\int_0^{\varepsilon_{\mathrm{m}}} \sigma(\varepsilon)\mathrm{d}\varepsilon}{\sigma_{\mathrm{p}} \cdot \varepsilon_{\mathrm{m}}} = \frac{W}{\sigma_{\mathrm{p}} \varepsilon_{\mathrm{m}}} \tag{5.5}$$

式中，σ_{p} 为缓冲器变形过程中的峰值应力；ε_{m} 为缓冲器变形过程中的对应峰值应力时的应变。

理想吸收效率 I 越大，缓冲器在工作过程中的荷载波动越小，相应地，缓冲器的缓冲性能越佳。本节采用式(5.5)对不同铝管套筒长度下减压环的理想吸能效率进行了计算，计算中采用启动荷载作为减压环的峰值荷载，计算结果如表 5.4 所示。从表 5.4 中可以看出，铝管套筒吸收的能量随着铝管套筒长度的增大，增大趋势先明显，后期趋于平稳。而理想吸收效率先增大而后减小，在铝管套筒长度为 80mm 时，铝管套筒的理想吸收效率最高，减压环在动力荷载作用过程中的荷载波动较小，缓冲效果与静力试验较接近，效果最佳。

表 5.4 铝管套筒长度对减压环耗能性能的影响

铝管长度/mm	吸收能量/kJ	理想吸收效率/%
40	22.0	31.2
60（数值计算）	34.5	70.4
60（试验）	26.6	94.9
80	38.5	91.9
100	39.8	85.8
120	40.0	72.7

5.2.5 小结

5.2 节针对被动防护系统中消能件力学性能的研究，对消能件中常用的减压环进行了理论、试验和数值分析，得到了以下有意义的结论和建议。

(1)由于减压环变形距离比较大，一般材料试验机上仅能分段进行(拉出一段后锯掉再重新拉伸)，而利用本节提出的试验方法，采用葫芦对减压环进行静力试验研究，可以较好地满足减压环变形距离较大的特点，一次拉伸得到减压环的荷载-位移曲线，可供减压环的静力试验作为参考。

(2)在较低的速度范围内，数值计算得出的减压环的启动荷载与耗能性能与静力试验结果比较接近，随着冲击荷载速度的增大，减压环的启动荷载和耗能性能逐渐增大。

(3)铝管套筒长度对减压环耗能性能有一定影响，在相同的冲击荷载作用下，随着铝管套筒长度的增大，减压环的耗能性能开始增大比较明显，后期耗能能力趋于平稳，而启动荷载先减小而后缓慢增大。当铝管套筒在合适长度范围内时，减压环在动力荷载作用下理想吸能效率与静力试验结果较接近。

5.3 U形消能件耗能性能的试验研究、理论分析与数值计算

柔性防护系统中的消能件一般串接在支撑绳上，因落石冲击力激发启动，消能件的变形在一定程度上延长了系统对于落石冲击的反应时间，降低了系统内其他构件的内力峰值，吸收一部分落石冲击能量，是柔性防护系统中的重要组成部分。随着相关研究日益发展，目前已有近200种不同结构形式的消能件被研发出来。U形消能件是其中一种新型的缓冲消能装置(图5.25)，最早由瑞士布鲁克工程公司发明，主要由钢板带、销轴以及端部的套头组成(图5.26)。应用时将钢丝绳穿过钢板带一端预留的小孔，另一端的套头固定在钢丝绳锚杆或拉锚绳上。当钢丝绳上的荷载达到U形消能件的启动力阈值时，钢板带在钢丝绳带动下开始运动，钢板带被拉过滚轴，发生弯曲变形，从而实现过载保护与缓冲吸能的作用。相比于其他结构形式的消能件，U形消能件的主要优势在于工作荷载稳定，耗能方式明确，并且可进行有限次的重复使用。

对于U形消能件，为达到过载保护和耗散落石冲击能量的目的，并保证与防护系统

能够协同工作，一个重要前提就是合理地触发启动条件，即 U 形消能件的启动力阈值，这也是 U 形消能件参数设计的关键指标。本节通过拟静力试验、理论分析和数值计算方法对 U 形消能件的启动力进行研究，为 U 形消能件的设计开发和优化提供参考。

图 5.25　工程应用中的 U 形消能件

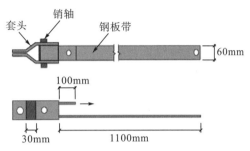

图 5.26　U 形消能件的结构组成

5.3.1　U 形消能件的拟静力试验研究

1. 钢板带材料拉伸试验

目前，国内生产的 U 形消能件中钢板带所用材料为 304 号不锈钢，为得到材料的应力-应变关系曲线，选用与 U 形消能件中钢板带同批次的 304 号不锈钢板材进行拉伸试验，试验按照《金属材料　拉伸试验　第 1 部分：室温试验方法》(GB/T 228.1—2010)金属材料拉伸试验方法进行，采用位移控制，加载速率为 3mm/min。制作成的试件尺寸如图 5.27 所示，试件厚度为 7.86mm。根据试验数据，得到了材料的工程应力-应变关系(图 5.28)，同时通过工程应力-应变与真应力-应变换算关系得到了 304 号不锈钢材料的真应力-真应变关系曲线(图 5.29)。

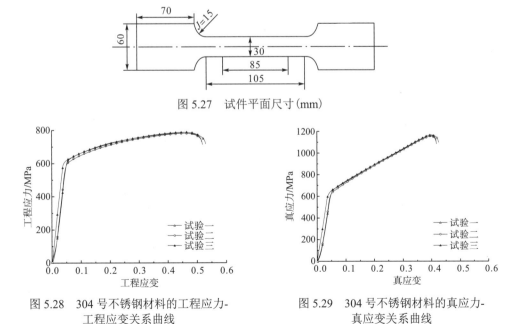

图 5.27　试件平面尺寸(mm)

图 5.28　304 号不锈钢材料的工程应力-
工程应变关系曲线

图 5.29　304 号不锈钢材料的真应力-
真应变关系曲线

从图 5.29 中可以看出，304 号不锈钢具有明显的应力强化特性，材料的屈服强度平均值约为 608MPa，对应的屈服应变约为 4.5%。

2. U 形消能件的拟静力拉伸试验

选取的 U 形消能件为布鲁克（成都）工程有限公司生产的 U-150 型消能件，尺寸如下：钢板带宽度为 60mm，钢板带厚度为 7.86mm，滚轴直径为 30.0mm，单侧钢板带长度约为 1100.0mm。

试验在 100t 万能试验机上进行，考虑万能试验机油缸行程为 200mm，因此将单侧钢板带长度裁剪到 210mm 以内。试验时，将 U 形消能件套头与销子连接，销子在试验机上夹头处夹紧，将钢板加载端在试验机下夹头处夹紧。试验采用位移速率控制，控制位移速率为 50mm/min。当钢板带的拉伸位移达到 200mm 时，试验结束，静置 U 形消能件一段时间至构件部分冷却后，再按照相同的方式对 U 形消能件进行反向拉伸试验。共选取了两个 U 形消能件进行重复拉伸试验，每个试件各进行了四次拉伸试验，直到 U 性消能件的钢板带破坏为止。

图 5.30、图 5.31 分别给出了试件一在第 1 次和第 2 次拉伸试验时，在试验机上的安装及试验过程现场照片。图中，d_1 为刚开始时两侧钢板带间的距离，d_2 为钢板带运动一段距离后两侧钢板带间的距离，d_3 为钢板带启动后两侧钢板带间的距离。图 5.32、图 5.33 给出了根据试验数据绘制的试件一和试件二在 4 次拉伸荷载作用下的荷载-位移曲线。

(a) 试件安装完毕　　　　　　(b) 试件开始发生滑动　　　　　(c) 试件滑动，荷载保持稳定

图 5.30　试件一在第 1 次拉伸试验三阶段现场照片

(a) 试件安装完毕　　　　　　(b) 试件开始发生滑动　　　　　(c) 试件滑动，荷载保持稳定

图 5.31　试件一在第 2 次拉伸试验三阶段现场照片

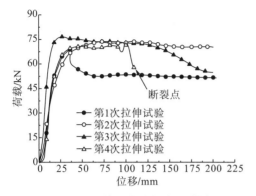

图 5.32 试件一的荷载-位移曲线

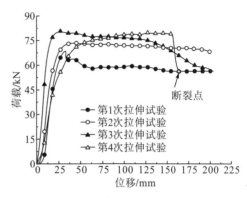

图 5.33 试件二的荷载-位移曲线

3. U 形消能件试验现象及结果分析

在第 1 次拉伸试验中，从图 5.32、图 5.33 中可以看出，荷载随位移的增大先增大，而后逐渐减小，当到达一定值后趋于稳定。造成这一现象的主要原因如下。

(1) 由于 U 形消能件处于初始状态时 [图 5.30(a)]，钢板带与滚轴间没有完全贴紧，两侧钢板带间的距离 d_1 大于滚轴直径，因此在刚开始拉伸钢板带时，钢板带向外侧倾斜 [图 5.30(b)]，造成两侧钢板带间的距离逐渐增大 ($d_2 > d_1$)，而套头为阻止这种倾斜变形，施加给钢板带一定的压力，同时钢板带与套头间存在摩擦力。因此，为了保证钢板带的启动，需要克服钢板带弯曲产生的轴力、钢板带与滚轴间的摩擦力、套头与钢板带间的摩擦力以及套头给钢板带的压力，此时：

$$T_{\max} = \mu_s \cdot (f_{n1} + f_{n2}) + f_{cw} + f_{n3} \tag{5.6}$$

(2) 当 U 形消能件启动后，钢板带向内侧倾斜 [图 5.30(c)、图 5.31(c)]，造成两侧钢板带间的距离逐渐减小 ($d_3 < d_2$)，近似与滚轴的直径相同，钢板带与滚轴间没有相互接触。因此，为保证钢板带的启动，仅需要克服钢板带弯曲产生的轴力、钢板带与滚轴间的摩擦力，此时：

$$T_w = \mu_s \cdot f_{n1} + f_{cw} \tag{5.7}$$

式中，μ_s 为钢板带与滚轴间、套头间的摩擦系数；f_{n1} 为钢板带与滚轴间的相互作用力；f_{n2} 为钢板带与套头间的相互作用力；f_{n3} 为克服钢板带与套头间相互作用所需的拉力；f_{cw} 为克服钢板带弯曲所需的拉力；$T_{\max}$ 为启动力阈值；T_w 为平滑段稳态荷载值。

在第 2 次拉伸试验中，从图 5.32、图 5.33 中可以看出，荷载随着位移的增大先增大，当到达一定荷载值后趋于平稳，即钢板带的启动力阈值与平稳段荷载值近似相等。这主要是由于在经历过第 1 次拉伸试验后，U 形消能件中钢板带已经与滚轴完全贴紧，在拉伸过程中两侧钢板带间的距离近似保持不变，套头与钢板带间没有相互作用。此时为保证钢板带的启动，仅需要克服钢板带弯曲产生的轴力、钢板带与滚轴间的摩擦力。

在第 3 次拉伸试验中，从图 5.32、图 5.33 中可以看出，荷载随着位移的增大先增大，当到达一定荷载值后趋于平稳，而后逐渐减小。荷载-位移曲线的前两个阶段与第 2 次拉伸试验相同，但后续阶段荷载却逐渐减小。这主要是由于第 3 次拉伸时 U 形消能件的初始阶段与第 1 次拉伸时完全相同，最后一段钢板带在前两次拉伸时仅经历了一次由直变弯和由弯变直的过程，相比于其他部分钢板带少拉伸了一次，最后一段钢板带的塑性硬化效应较前面的钢板带小，因此造成了后续阶段的荷载逐渐减小。

　　在第 4 次拉伸试验中，从图 5.32、图 5.33 中可以看出，钢板带在位移为 117mm（试件一）和 164mm（试件二）处发生断裂，断裂口附近钢板带表面起皱，表现为类似疲劳破坏的现象，如图 5.34 所示。

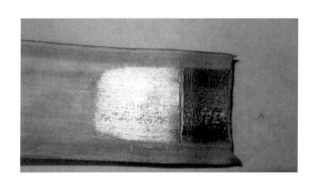

图 5.34　U 形消能件在第 4 次拉伸时钢板带发生断裂

　　为了得到 U 形消能件吸收的能量大小，一般根据试验得到的荷载-位移曲线计算得出，计算公式如下：

$$W = \int_0^s F(d) \cdot \mathrm{d}\delta = \sum_i^n F_i \cdot \Delta d \tag{5.8}$$

式中，d 为与拉伸荷载 F_i 相对应的位移；W 为 U 形消能件吸收的能量。

　　根据给出的 U 形消能件在拟静力荷载作用下的荷载-位移曲线，采用 MATLAB 软件包根据式(5.8)编程计算即可得到 U 形消能件吸收的能量。U 形消能件启动力阈值及吸收能量计算结果如表 5.5 所示（由于在第 4 次重复拉伸试验时，U 形消能件发生了破坏，因此没有进行计算）。

　　从表 5.5 中可以看出：在第 1 次、第 2 次、第 3 次拉伸试验中，U 形消能件的启动力阈值逐渐增大，说明钢板带所用材料具有明显的塑性强化特性，且随着拉伸次数的增多，U 形消能件吸收的能量逐渐增大。

表 5.5　U 形消能件启动力阈值及吸收能量

次数	启动力阈值/kN		吸收的能量/kJ	
	试件一	试件二	试件一	试件二
第 1 次拉伸	68.8	68.4	10.5	11.1
	平均值：68.6		平均值：10.8	
第 2 次拉伸	73.8	73.4	13.3	13.4
	平均值：73.6		平均值：13.4	
第 3 次拉伸	76.6	80.7	13.4	14.1
	平均值：78.7		平均值：13.8	

5.3.2　U 形消能件启动力阈值计算

U 形消能件工作时，钢板带不断进行弯曲-伸直的强烈变形，并伴有大位移。从宏观上看，U 形消能件的启动力主要是克服钢板带弯曲和拉伸产生的内力以及摩擦力。由于钢板带两端无轴向约束，由大变形引起的轴力影响很小，若忽略摩擦(销轴与钢板带为滚动摩擦，摩擦力较小)，则消能件工作时，主要克服由钢板带弯曲引起的内力。

基于极限分析原理和塑性铰理论，在理想刚塑性假设条件下，钢板带的运动分析模型如图 5.35 所示。图 5.35(a)为初始构形，当销轴移动一定距离，在钢板带中间位置产生第一个塑性铰，此时初始破损机构形成，如图 5.35(b)所示，随着销轴的继续运动，在钢板带两端各产生一个塑性铰，此时形成了钢板带运动的现时构形，钢板带上共产生了三个塑性铰，如图 5.35(c)所示。钢板带截面为矩形，那么塑性铰处的塑性极限弯矩可按式(5.9)计算得出：

$$M_{\mathrm{p}} = \sigma_y (S_1 + S_2) = \sigma_y bt^2 / 4 \tag{5.9}$$

式中，S_1 和 S_2 代表横截面上、下部分对等面积轴的静矩。

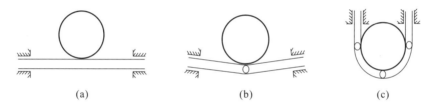

图 5.35　钢板带的运动分析模型

根据塑性铰理论和刚塑性假设，外力做功等于 3 个塑性铰耗散的能量之和，那么有：

$$F \cdot 1 = 3M_{\mathrm{p}} \cdot \phi$$
$$\phi \cdot R = 1 \tag{5.10}$$

式中，ϕ 表示销轴移动单位长度时所对应的转角。

联立式(5.9)和式(5.10)，求解可得

$$F = 3M_{\mathrm{p}} / R = 3\sigma_y bt^2 / 4R \tag{5.11}$$

5.3.3　启动力阈值的拟静力试验与理论结果对比

通过 U 形消能件的拟静力试验，得到了两个 U 形消能件试件 4 次往复加载试验的荷载位移曲线，如图 5.32 和图 5.33 所示。拟静力试验结果表明，U 形消能件第一次拉伸得到的启动力阈值的试验值分别为 68.8kN 和 68.4kN，均值为 68.6kN。

表 5.6 给出了与拟静力试验结果的对比(材料试验结果与第 1 次拉伸试验时的钢板带材料特性相对应)。从表 5.6 中可知，理论解的误差为 9.04%，可以满足工程精度要求。

表 5.6　理论计算结果与试验结果的对比

启动力阈值类型	启动力阈值/kN	与试验平均值的误差 / %
试件一	68.8	0.30
试件二	68.4	0.30
试验平均值	68.6	—
理论解	62.4	9.04

5.3.4　U 形消能件在动荷载下的数值计算

U 形消能件串接于被动防护系统中的支撑绳上，其启动与工作均是在动荷载环境下，即当有落石冲击时，U 形消能件通过自身的钢板带翻转变形，缓冲落石冲击作用，防止锚杆拔出力和支撑绳内力过载，同时吸收落石冲击能量，达到提高系统防护能级的作用。为此，从 U 形消能件的拟静力试验出发，根据试验现象和结果，结合对 U 形消能件启动力阈值的静力理论研究结论，建立了 U 形消能件的动载力学数值计算模型，研究其在动态荷载作用下的启动力阈值和平稳翻转力特性，并结合被动防护系统的相关要求，对现有 U 形消能件进行工程应用研究，提出 U 形消能件的改进设计意见。

1. U 形消能件动载数值计算方法

根据 U 形消能件加工后的实际形状尺寸与特征建立了其动态数值分析模型。数值计算分四步进行：①非线性计算方法与有限元接触分析；②确定材料模型；③选择单元类型与划分网格；④设计加载方式及确定边界条件。

非线性计算方法：U 形消能件的钢板带运动是一个伴有较大刚体位移的大变形过程，对其进行计算涉及区分钢板带运动是大应变问题还是小应变问题。假设钢板带的应变较小，则应满足小应变情况下中性面与几何中心面重合的条件，那么钢板带弯曲成半圆弧状时（图 5.36），其中性轴的长度不变，因此圆心角为 $\mathrm{d}\theta$ 时所对应的钢板带原始长度为

$$L_0 = \left(R + \frac{t}{2} \right) \cdot \mathrm{d}\theta \tag{5.12}$$

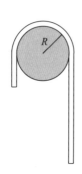
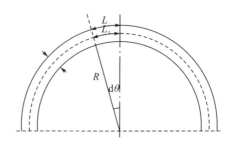

图 5.36　钢板带变形示意图

钢板带经过弯曲后外缘伸长，内缘缩短，外缘伸长后长度为

$$L = (R+t) \cdot \mathrm{d}\theta \tag{5.13}$$

式(5.13)减去式(5.12)得钢板带伸长量：

$$\Delta L = L - L_0 = \frac{t}{2} \cdot \mathrm{d}\theta \tag{5.14}$$

钢板带发生的应变为

$$\varepsilon = \frac{\Delta L}{L} = \frac{\frac{t}{2} \cdot \mathrm{d}\theta}{(R+t) \cdot \mathrm{d}\theta} = \frac{1}{\frac{2R}{t}+1} \tag{5.15}$$

将 U 形消能件的参数代入可得钢板带的应变为：$\varepsilon = 0.21$。

由求出的钢板带应变可知：钢板带的运动是一个大变形大应变过程。在非线性有限元计算中，对于金属材料的大变形大应变计算方法主要有拉格朗日方法和 ALE 方法。采用拉格朗日方法(包括完全拉格朗日格式和更新拉格朗日格式)分析时，连续体初始构形和现时构形都表示在物质域坐标系中。采用更新拉格朗日格式，现时构形中任一微元体按式(5.16)进行更新：

$$\mathrm{d}V = |\boldsymbol{J}| \mathrm{d}V_t \tag{5.16}$$

式中，$\mathrm{d}V_t$ 为微元体在 t 时刻的体积；$\mathrm{d}V$ 为微元体在 $t+\Delta t$ 时刻的体积；$|\boldsymbol{J}|$ 为刚度矩阵。

钢板带翻转运动类似金属成型问题，结构应变很大，在构形更新时变形梯度矩阵畸变，$|\boldsymbol{J}|$ 不可求，导致采用拉格朗日算法时，计算过程不易收敛。ALE 算法以任意构形为参考构形，将物质点运动分解为两部分，首先是参考构形(即网格参考点)的运动，其次是物质域与参考构形的相对运动。这样既能描述结构大变形大应变的运动，又避免了由于网格的扭曲导致的计算终止。因此 U 形消能件钢板带运动应采用 ALE 方法计算。

有限元接触分析：进行 U 形消能件的接触分析时，由于钢板带与滚轴之间有强烈的挤压，并且二者有高速的相对滑移运动，采用单面接触会导致穿透等不收敛问题，而采用面面接触时，由于 U 形消能件运动形式比较简单，所以各部件的接触表面容易确定，并且各接触面不发生穿透。图 5.37 是结构构件的相互接触情况。

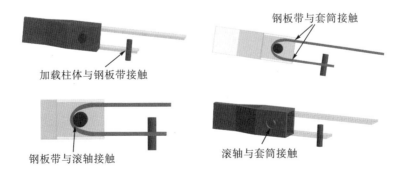

图 5.37　各构件之间的接触

材料模型的选择：U 形消能件的工作主要是钢板带的翻转运动，套筒和滚轴的内力分布不是本书的研究内容，因此套筒、滚轴均设置为刚体材料模型（套筒全约束，滚轴不约束），加载柱体采用线弹性材料模型。钢板带的材料模型采用塑性随动强化模型，塑性应变效应由 Cowper-Symonds 模型定义：

$$\sigma_y = \left[1+\left(\frac{\dot{\varepsilon}}{C}\right)^{\frac{1}{p}}\right](\sigma_0 + \beta E_p \varepsilon_p^{\text{eff}}) \tag{5.17}$$

式中，σ_0 是材料初始屈服应力；E_p 为塑性硬化模量；$\varepsilon_p^{\text{eff}}$ 为有效塑性应变；C 是屈服应力达到初始屈服应力时的特征应变率；p 是衡量材料应变率敏感性的指标；$\dot{\varepsilon}$ 表示应变率。钢板带的材料参数根据材料试验的数据输入，弹性模量为 210GPa，密度为 7850kg/m^3，泊松比为 0.3，屈服强度为 608MPa，切线模量为 1502MPa，其中 C、p 取 40.4 和 5。

数值计算中，滚轴与钢板带之间的摩擦系数与运动速度有关，静摩擦系数 μ_s、动摩擦系数 μ_d 和指数衰减系数 γ 的关系为

$$\mu_c = \mu_s + (\mu_s - \mu_d)e^{-\gamma \cdot V_{\text{vel}}} \tag{5.18}$$

数值计算中，静摩擦系数取 0.1，动摩擦系数取 0.05，指数衰减系数取 5。同时，套筒与钢板带的摩擦系数取 0.05，滚轴与套筒的摩擦系数取 0.02，可以取得与试验特征较为一致的结果。

单元类型与划分网格：U 形消能件中的钢板带、套筒、滚轴和加载柱体均采用 8 节点的 Solid164 单元模拟，采用默认的单点积分模式。U 形消能件的数值模型按照真实的试件尺寸建立，如图 5.38 所示。

图 5.38　U 形消能件模型及网格划分

加载方式与边界条件：为了模拟实际工况中钢丝绳带动钢板带运动的情况，在加载柱体上下表面施加水平方向的动荷载，钢板带的另一端自由。套筒端面设置为全约束，滚轴的平移和转动不约束。

2. U 形消能件的动载变形过程分析

大量的试验研究表明：当落石冲击被动防护系统时（落石能量为被动防护系统的最高防护能级时），从落石开始接触被动防护系统到落石速度为 0m/s，整个冲击过程持续时间约在 0.5s 以内，而 U 形消能件的拉伸变形时间约为 0.04s 左右（一侧钢板带长度约为 1m），因此，U 形消能件钢板带的拉伸速度一般不超过 30m/s。为此，在 U 形消能件的动态数值计算中，考虑加载速度对 U 形消能件的性能影响时，选择了三种加载速度：1m/s、10m/s 和 30m/s。

图 5.39 中给出了 U 形消能件在 10m/s 的加载速度下的拉伸形态。开始时两侧钢板带保持平行状态[图 5.39(a)]，当两侧钢板带发生相互运动时，一侧钢板带保持水平状态，而另一侧钢板带发生"外撇"现象[图 5.39(b)]，直到整个拉伸过程结束[图 5.39(c)]。上述现象在 1m/s 和 30m/s 加载速度下均出现，但随着加载速度的提高，"外撇"现象表现得越明显。

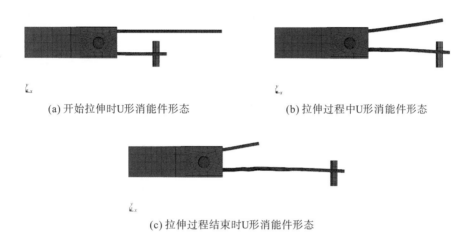

(a) 开始拉伸时U形消能件形态　　　　　　　　(b) 拉伸过程中U形消能件形态

(c) 拉伸过程结束时U形消能件形态

图 5.39　拉伸速度为 10m/s 的 U 形消能件变形过程

在 U 形消能件的整个拉伸动态过程中，当加载速度较高(10m/s、30m/s)时，钢板带自由端(长边)在开始加载后有快速而幅度较小的上下振动现象，而在拟静力试验中并无此现象发生。这种现象发生的主要原因是：当高速拉伸一侧钢板带时，钢板带曲率快速变化，并向自由端传播。由于钢板带长度较长，连续的曲率变化不仅使钢板带自由端上下振动，而且造成钢板带长边出现波浪状的形态。

图 5.40 中给出了 1m/s、10m/s 和 30m/s 加载速度下钢板带在某一时刻的 Mises 等效应力分布云图。从图中可知，不同的加载速度下，滚轴上下侧的钢板带等效应力最大，沿钢板带向两端逐渐降低，钢板带短边(加载端)Mises 等效应力分布均匀降低。随着动态拉伸过程的进行，钢板带长边上各位置有间断的应力提高现象，并且交替出现，原因是钢板带长边一端存在约束(滚轴端)，另一端为自由端，荷载在钢板带长边上引起的波浪式形态从滚轴到自由端由近及远传播，且随着加载速度的提高，这种现象越明显。虽然这种现象可以有效提高 U 形消能件单次拉伸时的吸能能力，但钢板带长边各区段的 Mises 等效应力大小不断交替变化，相当于往复的加载-卸载过程，容易造成钢板带的疲劳破坏。

(a) 1m/s的Mises等效应力云图

(b) 10m/s的Mises等效应力云图

(c) 30m/s的Mises等效应力云图

图 5.40 钢板带的 Mises 等效应力分布图

在动态数值计算和拟静力加载试验中，都发现 U 形消能件的钢板带原始的弯曲部分（靠长边一侧）并不能完全伸直，仍保留有一定的残余弯曲变形。此处的残余弯曲变形部分是钢板带结构的薄弱部位，在 3 次 U 形消能件拟静力加载试验中，钢板带最终断裂处均为钢板带的原始弯曲处，即钢板带残余弯曲变形处，如图 5.41 所示。

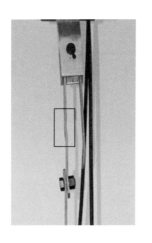

图 5.41 钢板带原始弯曲处有残余变形

图 5.42 给出了加载速度为 30m/s 时，在残余弯曲变形位置的 Mises 等效应力云图，图 5.43 为拟静力加载试验中，在第 3 次加载时观测到的钢板带在残余弯曲变形处的裂缝（第 4 次加载时，钢板带在裂缝处断裂）。从图 5.42 中可以看出，当加载速度为 30m/s 时，钢板带在第一次拉伸时即在残余弯曲变形位置出现了单元失效的情况（造成此处钢板变薄，成为薄弱部位），发生这种情况的原因主要是由于惯性力造成残余弯曲变形位置钢板与滚轴间的摩擦荷载增加超过钢板的断裂应力造成。相比在拟静力荷载作用下的 U 形消能件而言，这种现象易导致钢板带的可重复利用率降低。

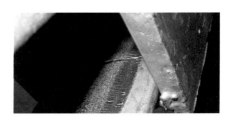

图 5.42 加载速度为 30m/s 时局部等效应力云图　　　图 5.43 拟静力试验中残余弯曲处的裂缝

3. U 形消能件的动载数值计算结果分析

在靠近加载柱体内侧,提取钢板带平面上单元荷载与单元位移数据,绘制出钢板带上的荷载-位移关系曲线,如图 5.44、图 5.45 所示。

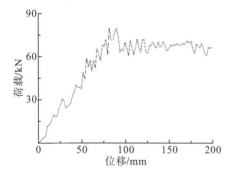

图 5.44　加载速率为 1m/s 时的荷载-位移曲线　　图 5.45　加载速率为 10m/s 时的荷载-位移曲线

从图 5.44~图 5.46 可以看出:1m/s 的加载速率下,钢板带荷载-位移关系曲线较为平缓,与拟静力试验得到的荷载-位移曲线相比,二者形态比较接近,在荷载值上升到最高点后进入平稳的位移增长过程。而在 10m/s 和 30m/s 的加载速率下,钢板带的荷载-位移曲线冲高回落现象突出,在加载初始时迅速达到极大荷载值,同时进入平稳段后荷载波动较大。

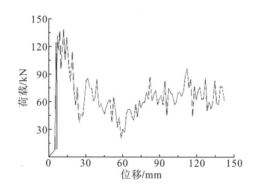

图 5.46　加载速率为 30m/s 时的荷载-位移关系曲线

定义 U 形消能件启动后位移平稳增长过程中的荷载平均值为平稳翻转力,其计算公式如下:

$$F_a = \frac{\int_{\delta_e}^{\delta_m} F(\delta)\, d\delta}{\Delta S} \tag{5.19}$$

$$\Delta S = \delta_m - \delta_e \tag{5.20}$$

式中,F_a 为平稳翻转力;δ_e 为钢板带开始平稳翻转时的位移;其余符号含义同前。

表 5.7 给出了拟静力和 3 种加载速率下 U 形消能件的启动力阈值和平稳翻转力的计算值。从表中可以看出：在 1m/s 的加载速度下，钢板带的启动力阈值为 79.8kN，平稳翻转力为 68.0kN。拟静力试验得到的 U 形消能件启动力阈值为 68.6kN。分析可知，动力作用导致 U 形消能件的启动力阈值提高，随着加载速率的提高，启动力阈值增大，且增大幅度比较明显，但当钢板带进入平稳翻转过程后，4 种工况下得到的平稳翻转力增长幅度不大。

表 5.7　不同加载速率下 U 形消能件的启动力与平稳翻转力

加载速率/(m/s)	启动力阈值/kN	平稳翻转力/kN
拟静力试验条件	68.6	54.3
1	79.8	68.0
10	108.1	74.2
30	135.5	75.0

4. U 形消能件的参数优化

考虑到工程应用中，被动防护系统的安装环境一般比较恶劣，锚杆的抗拔力设计建议值为 50~70kN。从被动防护系统的工程应用情况看，现阶段作为缓冲锚杆荷载的 U 形消能件，在使用中，存在与锚杆抗拔力不匹配的问题，这主要是因为动荷载作用下 U 形消能件的启动力阈值提高，而工程中直接采用 U 形消能件的静力试验结论来指导工程应用造成的。从动载数值计算结果看，目前设计的 U 形消能件，在动态荷载作用下初始启动时(拉伸速度为 30m/s)，其启动力阈值较拟静力试验值增大约 1.98 倍，平稳翻转力较拟静力试验值增大约 1.38 倍。由于缺乏锚杆在动态荷载作用下的抗拔力增大系数的相关研究资料，工程应用中，在满足耗能要求的同时，降低 U 形消能件的动态启动力阈值和平稳翻转力，保证动态作用下锚杆不发生破坏，是工程应用中需要研究的问题。为此，采用建立的动态力学数值计算模型开展了 U 形消能件工程化应用研究，对 U 形消能件进行了改进设计。

工程应用中，定义动态荷载作用下锚杆抗拔力计算公式为

$$f_{ad} = \xi_d f_a \tag{5.21}$$

式中，f_{ad} 为调整后的锚杆抗拔力；ξ_d 为动荷载作用下锚杆抗拔力增大系数，偏于安全取 $\xi_d = 1.5$；f_a 为锚杆静力荷载作用下的抗拔力，偏于安全取建议值的较大值，即 $f_a = 70kN$。

因此，考虑动荷载作用下锚杆抗拔力最大值：$f_{ad} = 105kN$，这就对 U 形消能件的启动力阈值提出了动态荷载作用下的要求。而当拉伸速度为 30m/s 时，U 形消能件的启动力阈值为 135.5kN，超过了锚杆动态荷载抗拔力设计值，对锚杆偏于不安全。为此，有必要对 U 形消能件进行改进。

根据前期工作中对 U 形消能件平稳翻转力的理论推导，发现其与钢板带厚度的平方成正比，与滚轴直径成反比。因此在满足薄板(宽厚比大于 8)要求的前提下，将钢板带厚度设计为 5mm，宽度不变，滚轴直径设计为 50mm。建立数值模型，进行动荷载作用下的数值计算，计算结果如表 5.8 所示。

表 5.8　U 形消能件改进前后的启动力阈值与平稳翻转力

加载速率 /(m/s)	改进前/kN		改进后/kN	
	启动力阈值	平稳翻转力	启动力阈值	平稳翻转力
1	79.8	68.0	46.8	42.5
30	135.5	75.0	102.6	48.4

　　从表 5.8 中可以看出：改进后 U 形消能件的启动力阈值为 102.6kN，在锚杆动态荷载抗拔力设计值范围内，且平稳翻转力在静态锚杆抗拔力荷载设计值范围内。因此，改进后的 U 形消能件能够和被动防护系统中其他构件相协调，较好地满足应用要求。

　　为了考察改进后的 U 形消能件的吸能能力，采用比吸能指标进行评价。由于 U 形消能件吸能过程中密度不变，比吸能可表示为单位体积钢板带吸收的能量，如式(5.22)所示：

$$\text{SEA} = \frac{W}{V} = \frac{\int_0^{\delta_\text{m}} F(\delta)\,\text{d}\delta}{bt\delta_\text{m}} \tag{5.22}$$

式中，V 表示钢板带变化段体积；b、t 分别为钢板带截面宽度与厚度；其余符号含义同前。

　　表 5.9 给出了计算得到的改进前后钢板带在拉伸过程中的比吸能指标。从表 5.9 中可知，随着加载速度的提高，U 形消能件的比吸能增大；此外，改进后的 U 形消能件较改进前有较大幅度提高，比吸能指标分别提高了 24.3%和 43.1%，表明改进后 U 形消能件的吸能效率提高。因此，在满足耗能的基础上，改进后的 U 形消能件设计方案可以有效减轻重量，节省材料，而且在施工安装过程中，由于重量减轻，使得其安装更加方便，有效地降低了施工难度。

表 5.9　U 形消能件改进前后的比吸能指标对比

加载速率/(m/s)	改进前比吸能/(J/mm³)	改进后比吸能/(J/mm³)	增加幅度/%
1	0.103	0.128	24.3
30	0.109	0.156	43.1

5.3.5　小结

　　5.3 节通过拟静力试验、理论分析和数值计算方法对 U 形消能件的耗能性能进行了研究，着重研究了 U 形消能件在静载和动载条件下的启动力阈值，得到了如下结论。

　　(1)拟静力试验表明 U 形消能件具有较好的重复拉伸性能，但由于钢板带材料的塑性强化效应，U 形消能件在前三次重复拉伸试验中，启动力阈值和耗能能力逐渐增大；在第 4 次重复拉伸试验中，钢板带发生了类似疲劳破坏的脆性断裂。

　　(2)基于 U 形消能件变形的宏观分析，提出了启动力阈值的计算公式，得到了启动力阈值与 U 形消能件各参数间的相互关系，为 U 形消能件工程设计提供了依据。

　　(3)U 形消能件动载下的数值计算表明：①在动力荷载作用下，U 形消能件钢板带长边会发生快速的波浪式振动，这种现象随着加载速度的提高而愈发明显，容易造成钢板带的疲劳破坏，且破坏位置在钢板带残余变形处，因此相比静力条件下，U 形消能件的可重复使用率降低；②当加载速度较小时，U 形消能件的平稳翻转力与拟静力试验结果非常接近。随着加载速率提高，启动力阈值显著增大，但当钢板带进入平稳翻转过程后，各工况下的平稳翻转力增幅不大；③根据分析与计算，将 U 形消能件钢板带厚度设计为 5mm，滚轴直径设计为 50mm，改进后的 U 形消能件能够和被动防护系统中其他构件相协调，较好地满足应用要求。而且，改进后 U 形消能件的比吸能指标有明显提高，表明改进后钢板带材料利用更加充分，吸能效率更高。同时，由于钢板带尺寸减小，质量更轻，其安装更加方便，降低了施工难度。

5.4　对称式金属管压溃型消能件力学性能研究

金属管压溃型消能件装配简单、取材方便、轻质高强，但其在拉力作用下会产生扭矩，导致金属管与支撑绳产生摩擦、消能件耗能机制复杂化。针对现有消能件在屋檐式柔性棚洞中应用存在的问题，本节提出了一种对称式金属管压溃型消能件的结构形式并申请了发明专利(已获实用新型专利授权)，该形式能减少金属管中钢丝绳之间的摩擦，使金属管变形彻底、性能稳定，使用方便。对称式金属管压溃型消能件，由固定件、金属管、钢丝绳和铝套筒构成，如图 5.47 所示。固定件为开有两组对称沉头通孔的长方体金属块，两个固定件相对地在沉头槽中嵌入金属管，沉头通孔的沉头槽用于约束金属管的端头。钢丝绳一端通过铝套筒锚固在一侧固定件的外侧，另一端穿过金属管，从另一侧固定件的沉头通孔传出。从同一固定件中穿出的两根钢丝绳通过铝套筒固定在一起共同受力，合力方向位于两侧固定件的中心连线上。

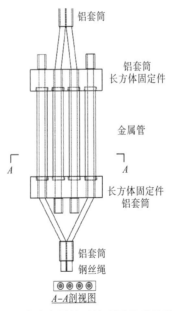

图 5.47　对称式金属管压溃型消能件的结构形式

为方便起见，后文将现有的金属管压溃型消能件称为 Type-1，将固定件为长方体的对称式金属管压溃型消能件称为 Type-2。

5.4.1　对称式金属管压溃型消能件力学性能的理论研究

由于结构形式的对称性，对称式金属管压溃型消能件达到启动力阈值后固定件将垂直相对运动，金属管轴向压溃，其主要耗能机制为薄壁金属圆管的轴向压溃。

1. 薄壁金属管轴向压溃理论模型

根据材料和几何尺寸的不同，薄壁圆管轴向荷载作用下会出现轴对称压溃模式(圆环模式)、非轴对称压溃模式(钻石模式)、混合模式和欧拉模式。其中，长度较短且壁厚较大的薄壁圆管常出现轴对称压溃模式，而长度较长且壁厚较小的薄壁圆管常出现非轴对称压溃模式。

1) 轴对称压溃模式

Alexander(1960) 提出了薄壁圆管轴对称压溃的理论模型，如图 5.48 所示。随后Johnson(1972)、余同希(1979)、余同希等(2006)等做了大量系统深入的工作，现概括如下。其基本假设是在单个褶皱形成过程中，材料选用理想刚塑性模型，薄壁圆管管壁出现三个圆形周向塑性铰。

在单个褶皱压溃过程中，薄壁金属管塑性弯曲耗散的能量为

$$W_b = 2M_0\pi D\frac{\pi}{2} + 2M_0\int_0^{\pi/2}\pi(D + 2H\sin\theta)\mathrm{d}\theta = 2\pi M_0(\pi D + 2H) \tag{5.23}$$

式中，W_b 为塑性弯曲耗散的能量；M_0 为采用屈服准则的薄壁圆管屈服弯矩，$M_0 = \sigma_0 t^2 / 2\sqrt{3}$；$\sigma_0$ 为薄壁圆管材料的屈服强度；D 是薄壁圆管的直径；H 是单个压溃褶皱长度的一半。

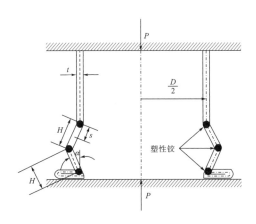

图 5.48　Alexander 提出的薄壁圆管轴对称压溃模型

单个褶皱薄壁圆管材料拉伸的平均应变为

$$\varepsilon = \frac{(D + 2s \cdot \sin\theta) - D}{D} = \frac{2s \cdot \sin\theta}{D} \tag{5.24}$$

式中，$0 \leqslant s \leqslant H$，$0 \leqslant \theta \leqslant \pi/2$。

在单个褶皱拉伸过程中，塑性铰之间材料拉伸耗散的能量为

$$W_s = 2\int_0^H \int_0^{\pi/2} \pi\sigma_0 Dt\varepsilon \mathrm{d}\theta \mathrm{d}S \tag{5.25}$$

式中，t 是薄壁圆管的厚度。

将式(5.24)代入式(5.25)，得

$$W_s = 2\pi\sigma_0 H^2 t \tag{5.26}$$

在单个褶皱压溃过程中，设 P_m 是完成整个皱褶过程的平均外力，外力做的功等于薄壁金属管塑性弯曲和拉伸耗散的总能量：

$$P_m \cdot 2H = W_b + W_s \tag{5.27}$$

将式(5.23)、式(5.26)代入式(5.27)，得到薄壁圆管压溃阶段平均荷载的表达式：

$$\frac{P_m}{M_0} = 20.73\left(\frac{D}{t}\right)^{0.5} + 6.283 \tag{5.28}$$

式中，

$$\frac{H}{D} = 0.95\left(\frac{t}{D}\right)^{0.5} \tag{5.29}$$

Abramowicz 和 Jones(1984)根据能量率积分求得金属管塑性弯曲和材料轴向伸长所耗散的能量，根据能量守恒，得到薄壁圆管压溃阶段平均荷载的表达式：

$$\frac{P_m}{M_0} = 20.79\left(\frac{D}{t}\right)^{0.5} + 11.90 \tag{5.30}$$

式中，$\dfrac{H}{D} = 0.88\left(\dfrac{t}{D}\right)^{0.5}$。 $\tag{5.31}$

在薄壁圆管轴对称压溃模型中，变形的管壁在子午线方向是直线段构成的折线，单个褶皱的压溃长度为 $2H$。而在实际试验中，变形的管壁在子午线方向是曲线连接，根据试验结果，Abramowicz 和 Jones(1984)提出了圆弧连接构成的变形管壁(图 5.49)，有效压溃长度有以下几何关系：

$$\delta_e = 2H - 2x_m - t \tag{5.32}$$

式中，δ_e 为单个褶皱的有效压溃长度，x_m 为圆管对称压溃后半褶皱轴向最大距离。

经推导，可得到 x_m 的表达式：

$$x_m = 0.14H \tag{5.33}$$

将式(5.33)代入式(5.32)中，得

$$\delta_e = 1.72H - t \tag{5.34}$$

将式(5.29)代入式(5.34)，得到 δ_e 的表达式：

$$\frac{\delta_e}{2H} = 0.86 - 0.52\left(\frac{t}{D}\right)^{0.5} \tag{5.35}$$

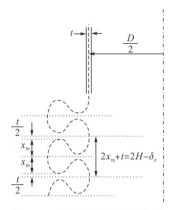

图 5.49　有效压溃长度示意图

2) 非轴对称压溃模式

薄壁圆管非轴对称压溃模式的理论不像轴对称模式那样成功,推导出的理论公式多是关于非轴对称压溃周向瓣数 N 的方程,公式常数多是通过曲线拟合得到且和 N 相关。薄壁圆管非轴对称压溃模式理论最主要的问题是理论公式随着 N 的变化离散性很大,而试验中未发现此现象。

Wierzbicki 和 Abramowicz(1983)将薄壁方管轴对称压溃模式有效压溃长度的几何关系应用到薄壁圆管非轴对称压溃模式中,与试验数据吻合较好:

$$\frac{\delta_e}{2H} = 0.73 \tag{5.36}$$

3) 综合公式

Guillow 等(2001)通过对大量的薄壁圆管轴向压溃试验数据进行分析发现,轴对称模式和非轴对称模式压溃阶段平均荷载的表达式可以统一为

$$\frac{P_m}{M_0} = k\left(\frac{D}{t}\right)^{0.32} \tag{5.37}$$

式中,k 是与金属圆管材料有关的常数,金属圆管为铝管时 k 取 72.3;M_0 为采用屈服准则的薄壁圆管屈服弯矩,$M_0 = \sigma_0 t^2 / 4$。

2. 薄壁金属管轴向压溃应变率效应

对于理想刚塑性材料,Cower-Symonds 模型可以简化为

$$\frac{\sigma_y}{\sigma_0} = 1 + \left(\frac{\dot{\varepsilon}}{C}\right)^{1/P} \tag{5.38}$$

式中,σ_0 和 σ_y 分别为不考虑应变率效应和考虑应变率效应的初始屈服应力;$\dot{\varepsilon}$ 为冲击应变率;C 和 P 为材料应变率常数,对于钢材,$C=40$,$P=5$。

根据式(5.24),可以求得平均应变率 ε_m 的表达式:

$$\varepsilon_m = \int_0^H \int_0^{\pi/2} \frac{2s \cdot \sin\theta}{D} \bigg/ \left(H \cdot \frac{\pi}{2}\right) \mathrm{d}\theta \cdot \mathrm{d}S = \frac{2}{\pi} \cdot \frac{H}{D} \tag{5.39}$$

考虑有效压溃距离,单个褶皱完全压溃时间可以表示为

$$T = \frac{\delta_e}{2V} \tag{5.40}$$

式中，T为单个褶皱完全压溃的时间；V为冲击速度，在冲击过程中保持不变。

冲击应变率$\dot{\varepsilon}$可以表示为

$$\dot{\varepsilon} = \frac{\varepsilon_m}{T} \tag{5.41}$$

1）轴对称压溃模式

将式(5.35)、式(5.39)、式(5.40)代入式(5.41)，得

$$\dot{\varepsilon} = \frac{2V}{\pi D[0.86 - 0.52(t/D)^{0.5}]} \tag{5.42}$$

将式(5.42)代入式(5.38)，得

$$\frac{\sigma_y}{\sigma_0} = 1 + \left\{ \frac{2V}{C\pi D[0.86 - 0.52(t/D)^{0.5}]} \right\}^{1/P} \tag{5.43}$$

2）非轴对称压溃模式

将式(5.36)、式(5.39)、式(5.40)代入式(5.41)，得

$$\dot{\varepsilon} = \frac{V}{0.365\pi D} \tag{5.44}$$

将式(5.44)代入式(5.38)，得

$$\frac{\sigma_y}{\sigma_0} = 1 + \left(\frac{V}{0.365 C\pi D} \right)^{1/P} \tag{5.45}$$

σ_0和σ_y同乘以金属管截面积S，式(5.45)可以改写为

$$\frac{F_y}{F_0} = 1 + \left(\frac{V}{0.365 C\pi D} \right)^{1/P} \tag{5.46}$$

5.4.2　对称式金属管压溃型消能件力学性能的试验研究

1. 拟静态拉伸试验

本试验选用的金属管均为 304 不锈钢钢管，材料参数如表 5.10 所示。由于夹具尺寸不同，Type-1 的拟静态拉伸试验在 RGM-100kN 万能试验机上进行，Type-2 拟静态拉伸试验在 WAW-1000kN 电液伺服万能试验机上进行。考虑到消能件中金属管的长度，试验最大拉伸距离设置为 200mm。试验时，消能件两侧钢丝绳通过夹具固定在试验机上，并调节至钢丝绳刚刚张紧的状态。拟静态拉伸试验采用位移速率控制，控制位移速率为 20mm/min。试验根据金属管厚度分为三组，每组试验选取三个同批次的试件，分别对 Type-1 和 Type-2 进行了拟静态拉伸试验。

表 5.10　钢管材料参数

密度/(kg/m³)	屈服强度/MPa	长度/mm	外径/mm	厚度/mm
7850	402	200	22	0.4, 0.5, 0.55

Type-1 的拟静态拉伸过程如图 5.50 所示。从图中可以看出，Type-1 拟静态拉伸试验中，当消能件钢丝绳张紧时，固定件和金属管即产生了一定的偏转；随着钢丝绳中拉力的增大，固定件和金属管的偏转更加明显，金属管在固定件的作用下斜向压溃，钢丝绳与固定件接触的地方出现了明显的弯折和磨损现象，如图 5.51 所示。

(a) 试件安装完毕　　　(b) 消能件开始屈服　　　(c) 消能件连续压溃　　　(d) 试验结束

图 5.50　Type-1 拟静态拉伸过程

图 5.51　Type-1 拟静态拉伸试验后的钢丝绳磨损

Type-2 的拟静态拉伸过程如图 5.52 所示。从图中可以看出，Type-2 拟静态拉伸试验中，固定件和金属管没有出现明显的偏转，固定件在钢丝绳拉力作用下垂直相对运动，金属管均衡垂直压溃。

(a) 试件安装完毕   (b) 消能件开始屈服   (c) 消能件连续压溃   (d) 试验结束

图 5.52 Type-2 拟静态拉伸过程

试验获得的 Type-1 和 Type-2 的拟静态拉伸荷载-位移曲线如图 5.53、图 5.54 所示。从图中可以看出，Type-1 和 Type-2 的拟静态拉伸荷载-位移曲线均可以划分为三个阶段：启动阶段，在拉力作用下，消能件荷载大致随着位移增加而线性增大，直至荷载达到消能件的启动力阈值，即荷载-位移曲线的初始波峰；压溃阶段，拉力达到启动力阈值后，荷载-位移曲线迅速下降形成波谷，在拉力作用下，消能件连续压溃形成褶皱，荷载-位移曲

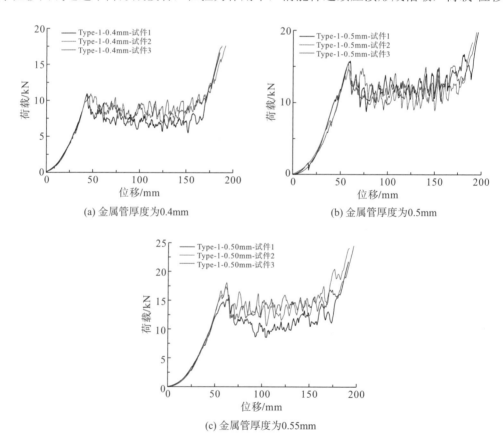

(a) 金属管厚度为0.4mm   (b) 金属管厚度为0.5mm

(c) 金属管厚度为0.55mm

图 5.53 Type-1 拟静态拉伸荷载-位移曲线

线不断形成新的波峰波谷，压溃阶段是消能件耗能的主要阶段；失效阶段，金属管全部压溃，消能件失效，只有消能件中的钢丝绳承受拉力，荷载-位移曲线急剧上升。此外，部分荷载-位移曲线弹性段相较其他曲线较为平缓或陡峭，这与消能件装配时钢丝绳的紧固程度有关，不影响 Type1 和 Type2 的启动力阈值和压溃阶段的平均荷载。

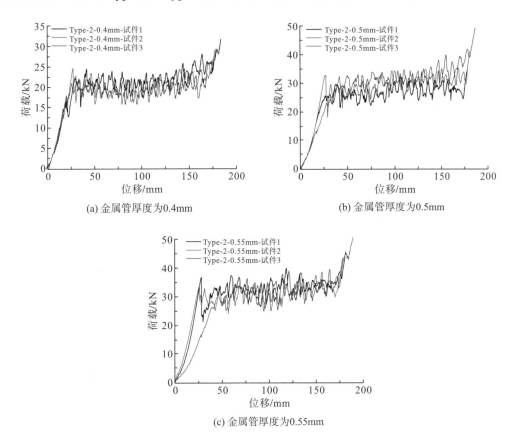

(a) 金属管厚度为0.4mm

(b) 金属管厚度为0.5mm

(c) 金属管厚度为0.55mm

图 5.54　Type-2 拟静态拉伸荷载-位移曲线

消能件吸收的能量 W 可根据试验得到的荷载-位移曲线积分求出，计算公式如下：

$$W = \int_0^s F(d) \cdot \mathrm{d}\delta \tag{5.47}$$

式中，d 为消能件的拉伸位移；$F(d)$ 为位移 d 对应的荷载。

因此，消能件在压溃阶段的平均荷载 P_m 可通过以下公式求得

$$P_\mathrm{m} = \frac{\int_{L_1}^{L_2} F(d) \cdot \mathrm{d}\delta}{L_2 - L_1} \tag{5.48}$$

式中，d 为消能件的拉伸位移；$F(d)$ 为位移 d 对应的荷载；L_1 为压溃阶段的起始位移；L_2 为压溃阶段的结束位移。

消能件拟静态拉伸的启动力荷载、吸收能量和压溃阶段的平均荷载是消能件设计和工程应用中最为关注的力学参数。表 5.11 列出了拟静力试验获得的 Type-1 主要力学参数的

数值。从表中可以看出，金属管厚度为 0.4mm、0.5mm 和 0.55mm 的 Type-1 启动力阈值的平均值分别是 10.82kN、15.46kN 和 17.77kN，吸收能量分别是 1.23kJ、1.83kJ 和 1.95kJ，压溃阶段平均荷载的平均值分别是 8.56kN、12.13kN 和 13.68kN，即 Type-1 的启动力阈值、吸收能量和压溃阶段平均荷载随着金属管厚度的增大而增大。此外，金属管厚度为 0.4mm、0.5mm 和 0.55mm 的 Type-1 压溃阶段平均荷载与启动力阈值的比值分别是 0.791、0.785 和 0.770，说明 Type-1 启动后荷载会有明显的下降，然后围绕一个比启动力阈值小 20% 左右的平均值上下波动。因此，Type-1 的拟静态拉伸荷载-位移曲线可以简化为如图 5.55 所示的理想双折线模型。

表 5.11　Type-1 拟静态拉伸主要力学参数

金属管厚度/mm	编号	启动力荷载/kN	吸收能量/kJ	压溃阶段平均荷载/kN
0.4	试件 1	10.99	1.18	8.24
	试件 2	10.81	1.24	8.73
	试件 3	10.66	1.28	8.72
	平均	10.82	1.23	8.56
0.5	试件 1	15.94	1.99	12.64
	试件 2	14.83	1.74	11.62
	试件 3	15.59	1.75	12.13
	平均	15.46	1.83	12.13
0.55	试件 1	17.60	1.85	12.69
	试件 2	18.21	1.90	14.04
	试件 3	17.49	2.09	14.33
	平均	17.77	1.95	13.68

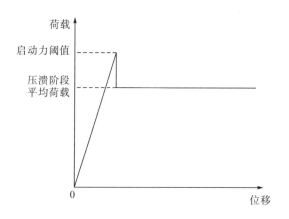

图 5.55　简化后的 Type-1 拟静态拉伸荷载位移曲线

表 5.12 列出了拟静态试验获得的 Type-2 主要力学参数。金属管厚度为 0.4mm、0.5mm 和 0.55mm 时，Type-2 的启动力阈值的平均值分别是 23.07kN、29.02kN 和 33.34kN，吸收能量的平均值分别是 3.20kJ、4.72kJ 和 5.01kJ，压溃阶段平均荷载的平均值分别是 20.57kN、

29.46kN 和 31.12kN。可以看出，Type-2 的启动力阈值、吸收能量和压溃阶段平均荷载随着金属管厚度的增大而增大。金属管厚度为 0.4mm、0.5mm 和 0.55mm 时，Type-2 压溃阶段平均荷载和启动力阈值的比值分别是 0.892、1.015 和 0.960，即荷载达到启动力阈值后没有明显的下降，然后围绕一个和启动力阈值近似相等的平均值上下波动。因此，可近似认为 Type-2 的启动力阈值和压溃阶段的平均荷载相等，Type-2 的拟静态拉伸荷载-位移曲线可简化为如图 5.56 所示的理想双折线模型。

表 5.12　Type-2 拟静力拉伸主要力学参数

金属管厚度/mm	编号	启动力阈值/kN	吸收能量/kJ	压溃阶段平均荷载/kN
0.4	试件 1	22.15	3.42	21.62
	试件 2	24.46	3.14	20.08
	试件 3	22.61	3.05	20.01
	平均	23.07	3.20	20.57
0.5	试件 1	25.55	4.26	26.84
	试件 2	32.45	4.82	29.81
	试件 3	29.05	5.09	31.75
	平均	29.02	4.72	29.46
0.55	试件 1	36.32	5.17	31.11
	试件 2	33.35	4.85	32.01
	试件 3	30.35	5.02	32.93
	平均	33.34	5.01	32.02

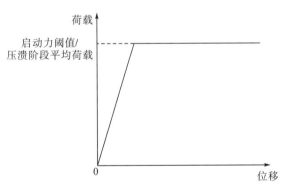

图 5.56　简化后的 Type-2 拟静态拉伸荷载位移曲线

2. 落石动态冲击试验

金属管压溃型消能件的落石冲击试验布置如图 5.57 所示。动态试验台架的主体部分是并排放置的两个反力架和架在反力架上的钢梁，拉压式力传感器上端与钢梁连接。金属管压溃型消能件一侧的钢丝绳连接到力传感器上，另一侧的钢丝绳连接到冲击试验用的落石上，落石同时与气动脱钩装置相连。试验时，落石被吊车提升到一定高度，并通过气动脱钩装置释放。释放后，落石进行自由落体运动，在钢丝绳张紧后冲击消能件。

　　动态数据采集系统包括力传感器、动态数据采集仪、应变适调器和高速摄像机等设备，如图 5.58 所示。试验中采用的力传感器的量程为 0～200kN，灵敏度为 1.4484mV/V；采用的适调器为 TST3810 应变适调器，将荷载数据转换为电压数据；采用的数据采集仪为 TEST6200 动态数据采集仪，采样频率为 20kHz；采用的摄像设备为 Sony 高速摄像机，采样频率为 240 帧/s。

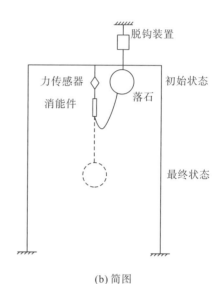

(a) 试验图   (b) 简图

图 5.57　落石动态冲击消能件试验布置图

图 5.58　动态数据采集系统

　　动态试验中，对称式金属管压溃型消能件的尺寸与静态试验保持一致，金属管厚度为 0.4mm；落石为带有钢筋弯钩的球形预制混凝土块，落石直径为 0.4m，质量为 80kg。落石的自由落体行程通过落石提升的高度和钢丝绳的长度控制，具体数值可通过高速摄像机中落石从释放到钢丝绳张紧的时间求得。Type-1 的落石冲击试验共进行了 2 次，自由落体距离分别为 2.78m 和 3.58m，对应的初始冲击速度分别为 7.38m/s 和 8.38m/s；Type-2 的落石冲击试验共进行了 4 次，先是分别进行了自由落体距离为 2.94m 和 3.73m 的落石冲击试验，对应的初始冲击速度分别为 7.59m/s 和 8.55m/s，紧接着在相同的高度进行了消能件的二次冲击试验。

3. 试验结果

落石自由落体冲击消能件试验中，落石被气动脱钩装置释放后开始自由落体，直至钢丝绳张紧。当钢丝绳中的拉力达到消能件的启动荷载后，消能件下侧的固定件基本保持静止，钢丝绳带动消能件上侧的固定件压缩金属管耗能，直至金属管完全压溃或者落石停止，如图 5.59 所示。

(a) 落石释放　　　　　　　　(b) 落石冲击消能件　　　　　　(c) 落石到达最低点

图 5.59　落石动态冲击消能件过程

落石自由落体第 1 次冲击消能件后，Type-1 均完全压溃，Type-2 未完全压溃；落石自由落体第 2 次冲击 Type-2 后，Type-2 完全压溃，如图 5.60、图 5.61 所示。从图中可以看出，落石动态冲击消能件后，Type-1 的固定件有明显的偏转，金属管斜向压溃，钢丝绳与固定件接触的地方有明显的弯折和磨损现象；Type-2 的固定件未见明显的偏转，金属管垂直压溃，钢丝绳与固定件接触的地方没有明显的弯折和磨损现象。

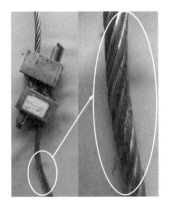

(a) 钢丝绳弯折　　　　　　　　　　　　　(b) 钢丝绳磨损

图 5.60　落石冲击试验后的 Type-1

(a) 第1次冲击后   (b) 第2次冲击后

图 5.61   落石冲击试验后的 Type-2

落石冲击试验获得的消能件荷载时程曲线如图 5.62、图 5.63 所示。和金属管压溃型消能件拟静态拉伸荷载-位移曲线相似，消能件的动态冲击荷载时程曲线也可以划分为启动阶段、压溃阶段和失效阶段。如果落石停止前金属管完全压溃，消能件的动态冲击荷载时程曲线中会出现失效阶段，即消能件失效，只有钢丝绳承受拉力，荷载时程曲线急剧上升，荷载达到峰值后迅速减小，如图 5.62 所示；如果落石停止前金属管没有完全压溃，消能件的动态冲击荷载时程曲线中不会出现失效阶段，荷载在压溃阶段后迅速减小直至落石停止，如图 5.63 所示。

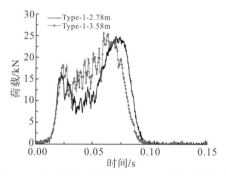

图 5.62   冲击试验获得的 Type-1 荷载时程曲线

注：Type-1 后数字为落石自由落体高度，后同

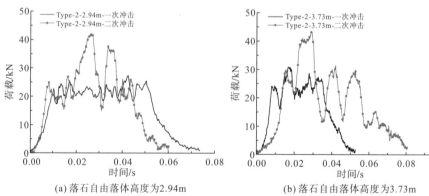

(a) 落石自由落体高度为2.94m   (b) 落石自由落体高度为3.73m

图 5-63   冲击试验获得的 Type-2 荷载时程曲线

注：Type-2 后数字为落石自由落体高度，后同

落石冲击试验后，分别记录消能件固定件的压缩距离，如表 5.13 所示。

表 5.13　落石冲击试验后消能件固定件压缩距离

类型	自由落体距离/m	初始冲击速度/(m/s)	固定件压缩距离/m	
			第 1 次冲击	第 2 次冲击
Type-1	2.78	7.38	0.180	—
	3.58	8.38	0.178	—
Type-2	2.94	7.59	0.122	0.056
	3.73	8.55	0.134	0.048

落石冲击消能件过程中，落石的运动速度逐渐减小，为简化计算，习惯上常假设冲击过程中落石速度保持不变，落石位移与时间为线性关系，因此，消能件固定件的压缩距离和时间也是线性关系。因此，动态试验获得的消能件动态冲击荷载时程曲线可以转化为消能件动态冲击荷载-位移曲线，如图 5.64、图 5.65 所示。

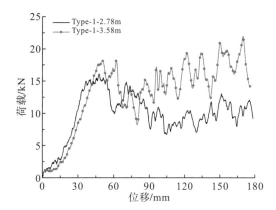

图 5.64　冲击试验获得的 Type-1 荷载-位移曲线

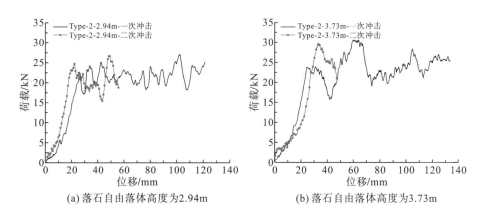

(a) 落石自由落体高度为2.94m　　　(b) 落石自由落体高度为3.73m

图 5.65　冲击试验获得的 Type-2 荷载-位移曲线

和消能件拟静态拉伸数据处理类似,落石动态冲击消能件试验的启动力荷载、吸收能量和压溃阶段的平均荷载可通过式(5.47)和式(5.48)求得。表5.14、表5.15列出了Type-1和Type-2动态冲击的主要力学参数。由表中可以看出,在金属管厚度相同的情况下,Type-1和Type-2的启动力阈值、吸收能量和压溃阶段平均荷载均随着冲击速度的增大而增大。

表5.14 Type-1动态冲击主要力学参数

编号	初始冲击速度 /(m/s)	启动力阈值/kN	吸收能量/kJ	压溃阶段平均荷载 /kN
试件1	7.38	15.20	1.81	11.11
试件2	8.38	18.36	2.38	15.74

表5.15 Type-2动态冲击主要力学参数

编号	初始冲击速度 /(m/s)	冲击次数	启动力阈值 /kN	吸收能量 /kJ	压溃阶段平均荷 载/kN
试件1	7.59	第1次	22.55	2.32	21.85
		第2次	24.77	0.94	21.91
试件2	8.55	第1次	24.07	2.85	24.06
		第2次	29.72	0.76	25.87

和拟静态拉伸相比,初始冲击速度为7.38m/s和8.38m/s的落石冲击时,Type-1的启动力阈值分别增加了40.5%和69.5%,压溃阶段平均荷载分别增加了29.8%和83.9%。此外,落石冲击时,Type-1压溃阶段平均荷载和启动力阈值的比值分别为0.731和0.857,说明Type-1启动后荷载会有明显的下降,然后围绕一个比启动力阈值小的平均值上下波动。

和拟静态拉伸相比,初始冲击速度为7.59m/s和8.55m/s的落石第一次冲击时,Type-2的启动力阈值分别增加了-2.3%和4.3%,压溃阶段平均荷载分别增加了6.2%和16.9%。此外,落石第1次冲击时,Type-2压溃阶段平均荷载和启动力阈值的比值分别为0.969和0.999,说明Type-2荷载达到启动力阈值后没有明显的下降,然后围绕一个和启动力阈值近似相等的平均值上下波动。初始冲击速度为7.59m/s和8.55m/s的落石第2次冲击和落石第1次冲击的压溃阶段平均荷载的比值分别为0.948和1.075,说明落石第2次冲击Type-2的压溃阶段平均荷载和第1次冲击相比没有明显的变化;初始冲击速度为7.59m/s和8.55m/s的落石第2次冲击和落石第1次冲击的启动力阈值的比值分别为1.098和1.235。落石第2次冲击时,Type-2的启动力阈值与第1次冲击压溃阶段停止时的荷载有很大关系。初始冲击速度为7.59m/s和8.55m/s的落石第2次冲击时,Type-2的启动力阈值与第1次冲击压溃阶段停止时荷载的比值分别为1.022和1.089,说明Type-2第2次冲击时的启动力阈值近似等于第1次冲击压溃阶段停止时的荷载。

5.4.3 对称式金属管压溃型消能件力学性能的数值模拟研究

本节中,采用ANSYS/LS-DYNA软件对Type-2的落石冲击试验进行数值模拟,并根据动力试验数据验证数值模拟的正确性。

　　1)落石冲击数值模型的建立

　　采用 ANSYS/LS-DYNA 软件对 Type-2 落石动态冲击试验进行数值模拟研究,固定件、落石和金属管的尺寸和实际试件的尺寸保持一致。对称式金属管压溃型消能件动力特征响应的最大影响因素为落石冲击速度, 因此在数值模拟中, 缩短了 Type-2 与力传感器和落石连接的钢丝绳长度,落石冲击速度与试验保持一致。其中, 固定件、钢丝绳、落石采用 Solid164 单元, 金属管采用 SHELL163 单元, 均采用程序默认的积分算法, 建立的数值模型如图 5.66 所示。

图 5.66　Type-2 落石动态冲击数值模型

　　考虑到材料的弹塑性变形,钢管材料采用*Mat_Plastic_Kinetic 材料模型。为简化运算,钢丝绳选用*Mat_Elastic 材料模型, 固定件和落石选用*Mat_Rigid 材料模型。数值模拟中采用的材料参数如表 5.16 所示。

表 5.16　Type-2 落石动态试验数值模拟采用的材料参数

材料类型	弹性模量/MPa	密度/(kg/m³)	屈服强度/MPa	泊松比	极限应变
固定件	2.1E5	7850	—	0.3	—
钢丝绳	1.12E5	7850	1082	0.3	0.023
钢管	5.1E4	7850	402	0.3	0.05

　　为减少建模难度,钢丝绳通过铝套筒和固定件连接处理为共节点操作,钢丝绳与落石的连接通过添加 *Constrained_Rigid_Bodies 实现。钢丝绳和固定件的接触采用*Automatic_Surface_to_Surface,其中固定件作为主面,钢丝绳作为从面;钢丝绳和金属管的接触均采用*Automatic_Surface_to_Surface,其中钢丝绳作为主面,金属管作为从面;固定件和金属管的接触采用*Automatic_Nodes_to_Surface,其中固定件作为主面,金属管作为从面;金属管自身的接触采用*Automatic_Single_Surface。

Type-2 落石动态冲击数值模拟的初始状态设置为消能件钢丝绳刚刚张紧，落石开始冲击消能件的位置，落石初始冲击速度分别为 7.59m/s、8.55m/s，通过添加 *Initial_Velocity_Rigid_Body 实现。

2) 数值模拟结果

Type-2 落石冲击数值模拟较好地还原了落石冲击消能件的过程，数值模拟中，固定件未见明显的偏转，金属管垂直压溃，与落石动态冲击试验现象一致，如图 5.67 所示。

图 5.67　数值模拟中落石动态冲击后的 Type-2

数值模拟和动态试验获得的 Type-2 落石冲击荷载时程曲线对比如图 5.68 所示。由图 5.68 可以看出，数值模拟获得的 Type-2 压溃阶段的荷载时程曲线与动态试验吻合较好，而启动阶段和下降阶段的曲线比试验曲线更陡峭，主要原因是落石冲击 Type-2 和 Type-3 数值模拟中缩短了消能件与力传感器和落石连接的钢丝绳长度，增加了系统的刚度，不会影响消能件的启动力阈值和压溃阶段的平均荷载。

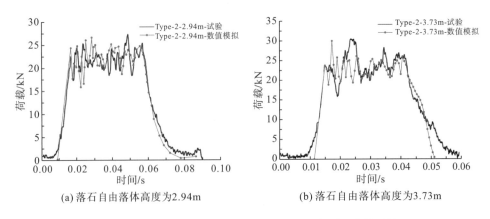

(a) 落石自由落体高度为2.94m　　　　　　　(b) 落石自由落体高度为3.73m

图 5.68　Type-2 数值模拟和动态试验冲击荷载时程曲线对比

落石动态冲击消能件数值模拟中，Type-2 固定件的压缩距离分别为 0.108m 和 0.126m。根据冲击过程中落石速度保持不变的假设，数值模拟获得的 Type-2 落石冲击荷载时程曲线可以转化为落石冲击荷载-位移曲线，如图 5.69 所示。数值模拟获得的落石动态冲击

Type-2 的启动力荷载、吸收能量和压溃阶段的平均荷载可通过式(5.47)和式(5.48)求得。表 5.17 列出了 Type-2 落石动态冲击试验和数值模拟主要力学参数的对比,从表中可以看出,Type-2 落石动态冲击数值模拟的力学参数与试验较为接近,误差范围为-3.66%～7.58%。

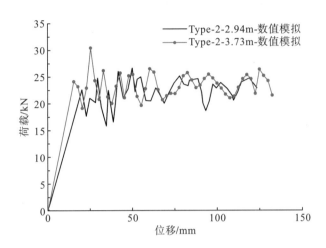

图 5.69　Type-2 数值模拟冲击荷载-位移曲线

表 5.17　落石动态冲击 Type-2 试验和数值模拟主要力学参数的对比

自由落体高度/m	启动力荷载/kN		误差/%	吸收能量/kJ		误差/%	压溃阶段平均荷载/kN		误差/%
	试验	数值模拟		试验	数值模拟		试验	数值模拟	
2.94	22.55	24.26	7.58	2.32	2.38	2.58	21.85	21.99	0.64
3.73	24.07	24.46	1.62	2.85	2.92	2.45	24.06	23.18	-3.66

5.4.4　对称式金属管压溃型消能件设计准则

1. 压溃阶段平均荷载计算

Type-2 拟静态拉伸试验中,金属管数量 $n=4$,金属管的压溃模式为非轴对称压溃模式,故可根据式(5.37)对其压溃阶段平均荷载的计算公式进行拟合,基本公式为

$$\frac{P_{\mathrm{m}}}{M_0} = 4k\left(\frac{D}{t}\right)^{0.32} \tag{5.49}$$

式(5.49)两边转换为双对数坐标系,可得

$$\log_{10}\frac{P_{\mathrm{m}}}{M_0} = \log_{10}(4k) + 0.32\log_{10}\left(\frac{D}{t}\right) \tag{5.50}$$

将表 5.12 中 Type-2 拟静态拉伸试验相关数据代入,可求得 $k=86.14$,代入式(5.49)可得

$$P_{\mathrm{m}} = 86.14\sigma_0 t^2 \left(\frac{D}{t}\right)^{0.32} \tag{5.51}$$

表 5.18 为 Type-2 拟静态拉伸压溃阶段平均荷载试验值与理论值的对比,从表中可以看出,理论值与试验值的误差为-1.4%～6.5%,与试验值吻合较好。

表 5.18　Type-2 拟静态拉伸压溃阶段平均荷载试验值与理论值对比

厚度/m	试验值/kN	理论值/kN	误差/%
0.4	20.57	19.97	-2.9
0.5	29.46	29.05	-1.4
0.55	32.02	34.10	6.5

2. 应变率效应计算

在 Type-2 落石冲击试验和高速拉伸数值模拟中,金属管均为非轴对称压溃,故采用式(5.45)计算 Type-2 动态冲击的应变率效应。将钢材的应变率常数 $C=40$ 和 $P=5$ 代入式(5.45),得

$$\frac{\sigma_y}{\sigma_0} = 1 + \left(\frac{V}{14.6\pi D}\right)^{1/5} \tag{5.52}$$

3. 设计准则

综合以上分析,式(5.51)和式(5.52)可分别作为对称式金属管压溃型消能件拟静态拉伸压溃阶段平均荷载(启动力阈值)和应变率效应计算的理论依据。将式(5.51)代入式(5.46)可以得到对称式金属管压溃型消能件冲击作用下压溃阶段平均荷载(启动力阈值)P_y 的理论公式:

$$P_y = 86.14\sigma_0 t^2 \left(\frac{D}{t}\right)^{0.32} \left(1 + \frac{V}{14.6\pi D}\right)^{1/5} \tag{5.53}$$

式中,P_y 为对称式金属管压溃型消能件冲击作用下压溃阶段平均荷载(启动力阈值);σ_0 为金属管不考虑应变率效应的屈服强度;D 和 t 分别是金属管的直径和厚度;V 为冲击速度。

5.4.5　小结

为克服现有消能件应用于屋檐式柔性棚洞中存在的不足,5.4 节提出了一种对称式金属管压溃型消能件的结构形式,开展了拟静力拉伸试验和落石冲击试验,验证了结构形式的有效性;在此基础上,进行了对称式金属管压溃型消能件力学性能的数值模拟研究和理论研究。本节主要工作和结论如下。

(1)5.4 节进行了 Type-1 和 Type-2 的拟静态拉伸试验和落石动态冲击对比试验,结果表明:在拟静态拉伸试验和落石动态冲击试验中,Type-2 固定件和金属管没有出现明显

的偏转，固定件在钢丝绳拉力作用下垂直相对运动，金属管均衡垂直压溃，克服了 Type-1 存在的偏心受拉产生扭矩、固定件和金属管产生扭转、金属管斜向压溃等问题。

(2) 5.4 节进行了 Type-2 的落石冲击试验和高速拉伸试验的数值模拟，结果表明：数值模拟获得的 Type-2 压溃阶段的荷载时程数据和试验数据吻合较好，误差范围为-3.66%～7.58%。

(3) 根据试验、数值模拟和理论分析等方法，5.4 节求解了对称式金属管压溃型消能件平均荷载计算公式的材料常数，提出了动态冲击作用下压溃阶段平均荷载的计算公式。

参 考 文 献

毕冉，唐晓，刘保健，2016. 基于能量跟踪法的边坡落石运动过程模拟[J]. 中国地质灾害与防治学报, 27(2):14-19.

陈洪凯，唐红梅，王蓉，2004. 三峡库区危岩稳定性计算方法及应用[J]. 岩石力学与工程学报, 23(4):614-619.

陈江，夏雄，2006. 金温铁路危石治理中柔性防护技术应用研究[J]. 岩石力学与工程学报, 25(2):312-317.

陈喜昌，陈莉，2002. 扩离-落石灾害防治浅论[J]. 岩石力学与工程学报, 21(9):1430-1432.

崔廉明，2018. 引导式落石缓冲系统的耗能机制研究[D]. 重庆：陆军勤务学院.

崔廉明，石少卿，汪敏，等，2019. 多位置分布配重下引导式落石缓冲系统冲击防护性能研究[J]. 岩石力学与工程学报, 38(2):332-342.

《工程地质手册》编写委员会，1992. 工程地质手册[M]3 版. 北京：中国建筑工业出版社.

何思明，沈均，吴永，2011. 滚石冲击荷载下棚洞结构动力响应[J]. 岩土力学, 32(3):781-788.

何思明，吴永，2010.新型耗能减震滚石棚洞作用机制研究[J]. 岩石力学与工程学报, 29(5):926-932.

贺咏梅，阳友奎，2001. 崩塌落石 SNS 柔性防护系统的设计选型与布置[J]. 公路, (11):14-20.

贺咏梅，彭伟，阳友奎，2006. 边坡柔性防护系统的典型工程应用[J]. 岩石力学与工程学报, 25(2):323-328.

胡厚田,1989. 崩塌与落石[M]. 北京：中国铁道出版社.

胡厚田，2001. 边坡地质灾害的预测预报[M]. 成都：西南交通大学出版社.

雷用，赵尚毅，郝江南，等,2010. 支挡结构设计与施工[M]. 北京：中国建筑工业出版社.

李念, 2009. SNS 边坡柔性安全防护系统工程应用[M]. 成都：西南交通大学出版社.

李念，彭伟，阳友奎，等，2004. 论 SNS 边坡柔性防护工程实践中的几个问题[J]. 中国地质灾害与防治学报, 15(增刊)：47-50.

李现宾，2004. 拱桥-框架棚洞在落石病害整治中的应用[J]. 西部探矿工程, 16(10):198-199.

罗昌洁，刘荣强，邓宗全，2010. 薄壁金属管塑性变形缓冲器吸能特性的试验研究[J]. 振动与冲击, 29(4):101-106.

罗祥，石少卿，阳友奎，2010. 边坡柔性防护网中 RECCO 圆环力学性能研究[J]. 路基工程, (6):45-47.

聂俊毅，2010. 多层柔性棚洞[P]. CN201665914U.

齐欣，余志祥，许浒，等，2017. 被动柔性防护网结构的累计抗冲击性能研究[J]. 岩石力学与工程学报, 36(11):2788-2797.

沈均，何思明，吴永，2008. 滚石灾害研究现状及发展趋势[J]. 灾害学, 23(4):122-125.

沈位刚，赵涛，唐川，等，2018. 落石冲击破碎特征的加载率相关性研究[J]. 工程科学与技术, 50(1):43-50.

石少卿，汪敏，刘毅芳，等，2008. 建筑结构有限元分析及 ANSYS 范例详解[M]. 北京：中国建筑工业出版社.

石少卿，汪敏，尹平，等，2011. 一种新型废旧轮胎组合拦石结构的试验研究[J]. 防灾减灾工程学报, 31(5)：501-505.

时党勇，李裕春，张胜民，2005. 基于 ANSYS/LS-DYNA 8.1 进行显式动力分析[M]. 北京：清华大学出版社.

孙波. 2010. 洞库口部爆炸落石数值模拟及柔性防护系统应用研究[D]. 重庆：解放军后勤工程学院.

孙家齐，陈新民，2007. 工程地质[M]. 武汉：武汉理工大学出版社.

孙绍骋，2001. 灾害评估研究内容与方法探讨[J]. 地理科学进展, 20(2)：122-130.

中华人民共和国铁道部，2005. 新建时速 200~250km 客运专线铁路设计暂行规定[M]. 北京：中国铁道出版社.

汪敏，石少卿，阳友奎，2010. 主动防护网中钢丝绳网抗顶破力计算方法研究[J]. 后勤工程学院学报, 26(3):8-12,41.

汪敏, 石少卿, 阳友奎, 2011. 减压环耗能性能的静力试验及动力有限元分析[J]. 振动与冲击, 30(4):188-193.

汪敏, 石少卿, 阳友奎, 2012. 两种不同组合形式的环形网耗能性能的对比分析[J]. 振动与冲击, 31(2):55-61.

汪敏, 石少卿, 阳友奎, 2013. 新型柔性棚洞在落石冲击作用下的试验研究[J]. 土木工程学报, 46(9): 131-138.

汪敏, 石少卿, 阳友奎, 2014. 柔性棚洞在落石冲击作用下的数值分析[J]. 工程力学, 31(5): 151-157.

汪敏, 石少卿, 崔廉明, 等, 2016. 被动防护网中 U 形消能件的力学性能分析[J]. 工程力学, 33(6):114-119,145.

汪敏, 石少卿, 崔廉明, 等, 2018a. 三开间单跨柔性棚洞在落石冲击作用下的试验研究[J]. 土木工程学报, 51(5): 37-47.

汪敏, 石少卿, 刘盈丰, 等, 2018b. 防落石柔性棚洞的耗能性能分析及优化设计[J]. 振动与冲击, 37(1):216-222.

王爽, 周晓军, 罗福君, 等, 2017. 拱形棚洞受落石冲击的模型试验研究[J]. 振动与冲击, 36(12):215-222.

王勖成, 邵敏, 1997. 有限单元法基本原理和数值方法(第二版)[M]. 北京: 清华大学出版社.

王玉锁, 徐铭, 王涛, 等, 2017. 落石冲击下无回填土拱形明洞结构可靠度设计[J]. 西南交通大学学报, 52(6):1097-1103.

夏雄, 2002. 预应力锚索地梁的设计理论及工程应用[D]. 成都: 西南交通大学.

谢素超, 田红旗, 周辉, 2010. 基于显式有限元的薄壁结构吸能特性预测[J]. 振动与冲击, 29(5):183-186.

徐年丰, 牟春霞, 王利, 2002. 预应力岩锚内锚段作用机制与计算方法探讨[J]. 长江科学院院报, 19(3):45-47.

阳友奎, 1998. 崩塌落石的 SNS 柔性拦石网系统[J]. 中国地质灾害与防治学报, 9(增刊):332-329.

阳友奎, 2000. 坡面地质灾害钢丝绳网柔性防护系统[J]. 路基工程, (4):35-39.

阳友奎, 2006. 边坡柔性加固系统设计计算原理与方法[J]. 岩石力学与工程学报, 25(2):217-225.

阳友奎, 2010. 用于隔离防护飞石或落石的柔性棚洞[P]. CN101666070A.

阳友奎, 2012. 边坡柔性防护系统选型概要[C].成都: 柔性防护技术新进展学会研讨会.

阳友奎, 贺咏梅, 2000. 斜坡坡面地质灾害 SNS 柔性防护系统概论[J]. 地质灾害与环境保护, 11(2):121-126.

阳友奎, 周迎庆, 姜瑞琪, 等, 2005. 坡面地质灾害柔性防护的理论与实践[M]. 北京: 科学出版社.

阳友奎, 原振华, 杨涛, 2015. 柔性防护系统及其工程设计与应用[M]. 北京: 科学出版社.

杨建荣, 白羽, 杨晓东, 等, 2017. 柔性棚洞结构落石冲击数值模拟与试验研究[J]. 振动与冲击, 36(9):172-178,246.

杨涛, 周德培, 雷承第, 等, 2006. 柔性防护边坡的稳定性分析[J]. 岩石力学与工程学报, 25(2):294-298.

杨志法, 张路青, 尚彦军, 2002. 两个值得关注的工程地质力学问题[J]. 工程地质学报, 10(1): 10-14.

叶四桥, 巩尚卿, 王林峰, 等, 2018. 落石碰撞切向恢复系数的取值研究[J]. 中国铁道科学, 39(1):8-15.

殷跃平, 2008. 汶川八级地震地质灾害研究[J]. 工程地质学报, 16(4): 433-444.

余同希, 1979. 对径受拉圆环的大变形[J]. 力学学报, 15(1):88-91.

余同希, 卢国兴, 华云龙, 2006. 材料与结构的能量吸收[M]. 北京: 化学工业出版社.

张平, 周丽, 邱涛, 2013. 基于可变形蜂窝的柔性蒙皮力学性能分析与结构设计[J]. 固体力学学报,34(5): 433-440.

张发明, 刘宁, 陈祖煜, 等, 2003. 影响大吨位预应力长锚索锚固力损失的因素分析[J]. 岩土力学, 24(2):194-197.

张发业, 吴胜, 2004. 边坡柔性防护系统的新型消能装置及钢柱防锈新型材料[J]. 中国地质灾害与防治学报, 15(增刊):51-54.

张梁, 张业成, 罗元华, 1998. 地质灾害灾情评估理论与实践[M]. 北京: 地质出版社.

张路青, 杨志法, 2004. 公路沿线遭遇滚石的风险分析——案例研究[J]. 岩石力学与工程学报, 23(21): 3700-3708.

张路青, 杨志法, 许兵, 2004. 滚石与落石灾害[J]. 工程地质学报, 12(3): 225-231.

张路青, 杨志法, 祝介旺, 等, 2007. 簧式缓冲器的工作原理及其在滚石柔性防护系统中的应用[J]. 地质灾害与环境保护, 18(3):108-112.

赵雅娜, 齐欣, 余志祥, 等, 2016. 主被动混合式柔性防护网联合作用效果初步分析[J]. 中国地质灾害与防治学报, 105(1):117-122.

周爱红, 王帅伟, 袁颖, 等, 2017. 岩质边坡落石运动特征参数分析及 SVM 预测模型[J]. 公路交通科技, 34(3):20-25.

邹维勇, 王金梅, 王潘, 2017. 落石运动路径按区间分段算法[J]. 防灾减灾工程学报, 37(1):79-84.

日本道路協會, 2000.落石對策便覽[M]. 東京: 丸善出版株式会社.

Abramowicz W, Jones N, 1984.Dynamic axial crushing of circular tubes[J].International Journal of Impact Engineering,2(3): 263-281.

Alejano L R, Stockhausen H W, Alonso E, et al., 2008. ROFRAQ: A statistics-based empirical method for assessing accident risk from rockfalls in quarries[J]. International Journal of Rock Mechanics and Mining Sciences, Elsevier, 45(8): 1252-1272.

Alexander J M, 1960. An approximate analysis of the collapse of thin cylindrical shells under axial loading[J]. The Quarterly Journal of Mechanics and Applied Mathematics,13(1): 10-15.

Allmen V, Peter, Lussy D E, et al., 2016. Device for actuating the contacts of a circuit breaker, comprising a torsion rod, European: 2842144 A1[P].

Badger D T, Voottipruex P, Srikongsri A, et al., 2001. Analytical model of interaction between hexagonal wire mesh and silty sand backfill[J]. Canadian Geotechnical Journal, 38(4):782-795

Balasing M, Shu H Z, Avaratnarajah S et al., 2005. Analysis and design of wire mesh/Cable net slope protection[R]. Pullman: Washington State University.

Ben A, Ty O, Keith T A, 2009. Colorado's full-scale field testing of rockfall attenuator systems[R]. Washington D.C.: Transportation Research Board of the National Academies.

Biagi V D, Napoli M L, Barbero M, 2017. A quantitative approach for the evaluation of rockfall risk on buildings[J]. Natural Hazards, 88(2):1059-1086.

Castanon-Jano L, Blanco-Fernandez E, Castro-Fresno D, et al, 2018. Use of explicit FEM models for the structural and parametrical analysis of rockfall protection barriers[J]. Engineering Structures, 166:212-226.

Castro-Fresno D, 2000. Study and analysis of flexible membranes as support elements for the stabilization of land-fill slopes[D]. Santandery Torrelavega:University of Cantabria, Santander.

Castro-Fresno D, Del Coz, López L A, et al., 2008. Evaluation of the resistant capacity of cable nets using the finite element method and experimental validation[J]. Engineering Geology, 100(1-2):1-10.

Castro-Fresno D, Del Coz D, 2009. Comparative analysis of mechanical tensile tests and the explicit simulation of a brake energy dissipater by FEM[J]. International Journal of Nonlinear Science and Numerical Simulation,10(8):1059-1085.

Castro-Fresno D, Luis L Q, Blanco-Fernandez E, et al., 2009. Design and evaluation of two laboratory tests for the nets of a flexible anchored slope stabilization system[J]. Geotechnical Testing Journal, 32(4):315-324.

Cazzani A,Mongiovì L,Frenez T, 2002. Dynamic finite element analysis of interceptive devices for falling rocks[J]. International Journal of Rock Mechanics and Mining Sciences,39(3):303-321.

Chai B, Tang Z H, Zhang A, et al., 2015. An uncertainty method for probabilistic analysis of buildings impacted by rockfall in a limestone quarry in Fengshan, Southwestern China[J]. Rock Mechanics and Rock Engineering,48(5):1981-1996.

Chau K T, Wong R H C, Wu J J, 2002. Coefficient of restitution and rotational motions of rockfall impacts[J]. International Journal of Rock Mechanics and Mining Sciences, 39(1):69-77.

Corona C, Lopez-Saez J, Favillier A, et al., 2017. Modeling rockfall frequency and bounce height from three-dimensional simulation process models and growth disturbances in submontane broadleaved trees[J]. Geomorphology, 281:66-77.

Cristina G, Laura G, Stefano de M, et al., 2012. Three-dimensional numerical modelling of falling rock protection barriers[J].

Computers and Geotechnics,44:58-72.

D'Amato J, Hantz D, Guerin A, et al., 2016. Influence of meteorological factors on rockfall occurrence in a middle mountain limestone cliff[J]. Natural Hazards and Earth System Sciences, 3(12):7587-7630.

Daniele P, Claudio O, 2003. The use of rockfall protection systems in surface mining activity[J]. International Journal of Surface Ming eclamation and Enviroment, 17(1):51-64.

De Biagi V, Lia Napoli M, Barbero M, et al., 2017. Estimation of the return period of rockfall blocks according to their size[J]. Natural Hazards & Earth System Sciences, 17(1):103-113.

De Graff J V, Shelmerdine B, Gallegos A, et al., 2015. Uncertainty associated with evaluating rockfall hazard to roads in burned areas[J]. Environmental and Engineering Geoscience,21(1):21-33.

Del Coz D, García P J N, Castro-Fresno, et al., 2009. Non-linear analysis of cable networks by FEM and experimental validation[J]. International Journal of Computer Mathematics, 86(2):301-313.

Del Coz D, García P J N, 2010. Nonlinear explicit analysis and study of the behaviour of a new ring-type brake energy dissipator by FEM and experimental comparison[J]. Applied Mathematics and Computation, 216(5):1571-1582.

Dhakal S, Bhandary N P, Yatabe R, et al., 2012, Numerical and analytical investigation towards performance enhancement of a newly developed rockfall protective cable-net structure[J]. Natural Hazards & Earth System Sciences, 12(4):1135-1149.

Dorren L K, Seijmonsbergen A C, 2003. Comparison of three GIS-based models for predicting rockfall runout zones at a regional scale[J]. Geomorphology, 56(1): 49-64.

Duffy J D, Haller B,1993. Field tests of flexible rockfall barriers[C]. Colorado: Brugg Technical Note.

Effeindzourou A, Thoeni K, Giacomini A, et al., 2017. Efficient discrete modelling of composite structures for rockfall protection[J]. Computers & Geotechnics, 87:99-114.

Frukacz M, Wieser A, 2017. On the impact of rockfall catch fences on ground-based radar interferometry[J]. Landslides, 14(4):1431-1440.

Gao Z W, Hassan A, Andrew S, 2018. Experimental testing of low-energy rockfall catch fence meshes[J]. Journal of Rock Mechanics & Geotechnical Engineering, 10(4): 798-804.

Geniş M, Sakız U, Aydıner B Ç, 2017. A stability assessment of the rockfall problem around the Gökgöl Tunnel (Zonguldak, Turkey) [J]. Bulletin of Engineering Geology & the Environment:1-12.

Gentilini C, Gottardi G, Govoni L, et al., 2013. Design of falling rock protection barriers using numerical models[J]. Engineering Structures, 50(3):96-106.

Gottardi G, Govoni L, 2010. Full-scale modelling of falling rock protection barriers[J]. Rock Mechanics & Rock Engineering, 43(3):261-274.

Grassl H, Volkwein A, Anderheggen E, et al.,2002. Steel-net rockfall protection barriers[D]. Protection Structures under Shock and Impact, Montreal.

Guillow S R, Lu G, Grzebieta R H, 2001. Quasi-static axial compression of thin-walled circular aluminum tubes[J].International Journal of Mechanical Sciences, 43(9): 2103-2123.

Hantz D, Ventroux Q, Rossetti J, et al., 2016. A new approach of diffuse rockfall hazard[M]. //Aversa, et al. Landslides and Engineered Slopes: Experience，Theory and Practice. Boca Raton: CRC Press.

Jones M A, Roth J, Wiseman K, 2017. Flexible rockfall mitigation design for varying site conditions [C]. 68th Highway Geology Symposium, Georgia: 37-48.

Kromer R A, Rowe E, Hutchinson J, et al., 2017. Rockfall risk management using a pre-failure deformation database[J]. Landslides,（2）:1-12.

LGA, 2003. Test report bgt-0230101 system TECCO G65 for geobrugg protection systems[R]. Nuremberg: Geobrugg Inc.

Luciani A, Barbero M, Martinelli D, et al., 2016. Maintenance and risk management of rockfall protection net fences through numerical study of deteriorations[J]. Natural Hazards and Earth System Sciences Discussions, （2016）:1-12.

Maegawa K, Tajima T, Iwasaki M, 2005. Weight impact tests on simple and flexible Rock-fence using a PE-NET[J]. Journal of structural Engineering , 51（A3）:1615-1624.

Mentani A, Giacomini A, Buzzi O, et al., 2016. Numerical modelling of a low-energy rockfall barrier: New insight into the bullet effect[J]. Rock Mechanics and Rock Engineering, 49（4）:1247-1262.

Moaveni S, 2003. Finite Element Analysis: Theory and Application with ANSYS[M]. London: Pearson Education.

Muhunthan B, Shu S, Badger T C,2005. Snow loads on wire mesh and cable net rockfall slope protection systems[J]. Engineering Geology, 81（1）:15-31.

Paola B, Claudio O, Daniele P, 2009. Full-scale testing of draped nets for rock fall protection[J]. Canadian Geotechnical Journal, 46（3）:306-317.

Pelia D, Pelizza S,Sassudelli F, 1998. Evaluation of behaviour of rockfall restraining nets by full scale tests[J]. Rock Mechanics & Rock Engineering, 31（1）:1-24.

Peila D, Ronco C, 2009. Technial note: Design of rockfall net fences and the new ETAG027 European guideling[J]. Natural Hazards and Earth System Sciences, 9（4）:1291-1298.

Pierson L A, Davis S A, Van Vickle R, 1990. Rockfall hazard rating system: Implementation manual[R]. America: National Academy of Sciences.

Ryan T, John D D, John P T, 2009. Post foundations for flexible rockfall fences[C]. 60th Highway Geology Symposium, New York: New York State Thruway Authority.

Shi S Q，Wang M，Peng X Q, et al., 2013. A new-type flexible rock-shed under the impact of rock block: Initial experimental insights[J]. Natural Hazards and Earth System Science, 13（12）:3329-3338.

Sasiharan N, Muhunthan B, Shu S, et al., 2005. Analysis of global stability, anchor spacing, and support cable loads in wire mesh and cable net slope protection systems[J]. Journal of the Transportation Research Board. （1913）:205-213.

Sasiharan N, Muhunthan B, Badger T C, 2006. Numerical analysis of the performance of wire mesh and cable net rockfall protection systems[J]. Engineering Geology, 88（1-2）,121-132.

Singh P K, Kainthola A, Panthee S, et al., 2016. Rockfall analysis along transportation corridors in high hill slopes[J]. Environmental Earth Sciences,75（5）:441.

Smith D D, Duffy J D,1991. Field tests and evaluation of rockfall restraining nets [J]. Dissipation, （6）: 1-6.

Tan Z, 2017. Application and analysis of GPS2 active protection net in rock slope treatment[J]. Site Investigation Science & Technology, （1）:1-10.

Trad A, Limam A, Bertrand D, et al., 2013. Multi-scale Analysis of an Innovative Flexible Rockfall Barrier [M]. Berlin: Springer International Publishing.

Toe D, Bourrier F, Olmedo I, et al, 2017. Analysis of the effect of trees on block propagation using a DEM model: Implications for rockfall modelling[J]. Landslides, 14（1）:1-12.

Viegas J, Pais L A, 2017. Rockfall susceptibility analysis in the coastal cliffs of Algarve: an application of the Rock Engineering

System（RES）method[J]. Territorium,（24）:29-46.

Volkwein A, Louis M, Bruno H, et al.，2003. Protection from landslides and highspeed rockfall events reconstruction of chapman'

peak drive[J]. IABSE Symposium Report ,90: 47-54.

Volkwein A, 2005. Numerical simulation of flexible rockfall protection systems[J]. American Society of Civil Engineers,

11（179）:1-11.

Volkwein A, Schellenberg K, Labiouse V, et al., 2011. Rockfall characterisation and structural protection – a review [J].

NaturalHazards Earth System Sciences, 11（10）: 2617-2651.

Wang M, Shi S Q, Yang Y K, et al., 2014. Numerical simulation of a flexible rock shed under the impact of a rockfall[J]. Engineering

Mechanics, 4（2）:386-398.

Wierzbicki T, Abramowicz W, 1983. On the crushing mechanics of thin-walled structures[J].Journal of Applied Mechanics, 50（4）:

727-734.